JN015584

ゼロからはじめ【ビジネスブック】

Slack
基本&便利技

オンサイト 著

技術評論社

● CONTENTS

第 1 章
Slack のキホン

第 2 章
ワークスペースに参加する

第 3 章
コミュニケーションする

第 4 章

チャンネルを作成する／設定する

● CONTENTS

第 5 章
⇄ 使いやすく設定する

第 6 章
⇄ アプリと連携する

第 7 章
ワークスペースを作成する／管理する

第 8 章
スマートフォンで Slack を利用する

第 **1** 章

Slackのキホン

Section

01 Slackとは

Slackは、テキストメッセージ（文字）でコミュニケーションを行うサービスです。「ビジネスチャット」ツールとも呼ばれるSlackは、メールに変わるコラボレーションツールとして大きな注目を集めています。

⊕ ビジネスシーンでの利用を前提としたチャットツール

Slackは、テキストメッセージ（文字）でコミュニケーションを行うチャットサービスの一種です。大雑把にいうと、国内で人気の高い「LINE」によく似たサービスと考えてもらっても差し支えありません。では、LINEに代表されるほかのチャットサービスと比較してSlackは、何が違うのでしょうか。

もっとも大きな違いが、Slackはビジネスシーンでの利用を前提としたコミュニケーションツールとして開発され、ビジネス利用に必要になるであろうさまざまな機能を備えていることです。たとえば、Slackは、はじめから複数ユーザーと同時にメッセージのやり取りを行うことを前提としています。LINEなどのほかのチャットサービスでいうところの「グループチャット」や「グループトーク」がはじめから前提となっているサービスです。このため、Slackではまず管理者となるユーザーが、企業や組織などの単位で使用するための「ワークスペース」と呼ばれる作業空間を作成し、そこにプロジェクトごとに「チャンネル」という会議室を用意してコミュニケーションを行っていきます。

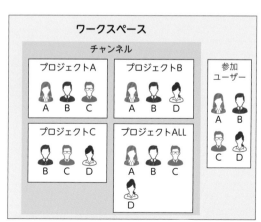

Slackは、グループトーク／グループチャットが基本のチャットツールです。管理者が作成したワークスペースにチャンネルという会議室を用意して、プロジェクトに応じたコミュニケーションを行います。

また、チャンネルは、ワークスペースに参加しているユーザーなら誰でも参加できるチャンネルと特定のユーザーのみで構成されたクローズドなチャンネルを作成できます。これによって、プロジェクトに参加していないユーザーに会話を見られることなく、作業を進めることができます。もちろん、ワークスペースに参加しているユーザー同士がダイレクトにコミュニケーションを行う機能も用意されています。この機能はダイレクトメッセージと呼ばれています。

メールに変わる新しいコラボレーションツール

Slackは、同じように文字でコミュニケーションを取る電子メールと比較して多くのメリットがあります。たとえば、Slackのコミュニケーションの基本は、グループチャットなので常に参加者全員が同じ会話をみることができます。このため、電子メールのやり取りで使われる「CC」を付ける必要がなく、CCの付け忘れといったことがありません。

また、電子メールは一度送信するとそれを取り消すことはできませんが、Slackは間違いを修正できるほか、リアルタイムで相手が文章を書いているか、何もしていないかを可視化する機能も備えています。これによって、あとから参加しても過去ログを読むことで会話の経緯を知ることができます。電子メールでは、過去のやり取りを転送してもらう必要がありましたが、Slackであれば、そのようなことを行う必要はありません。

Slackにおける会話は、基本的にグループチャット／グループトークになるため、参加者全員が同じ会話を見ることができる。途中参加でも、過去の会話を遡って見ることができるので、会話の経緯を把握することも簡単です。

Section 02

Slackを利用するには

Slackは、Webを基盤としたサービスであるためインターネットを利用できる
環境が必須です。パソコンやスマートフォン、タブレットなど、さまざまな環
境で利用できます。

パソコンではWebブラウザと専用アプリが利用可能

Webを基盤としたサービスとして設計されているSlackは、多様な環境で利用できま
す。WindowsやMac、Linuxなどのパソコンはもちろんのこと、iOSやAndroidな
どのスマートフォンやタブレットなどからも利用できます。パソコンからSlackを利用す
る場合は、Webブラウザまたは専用のデスクトップアプリを使用します。iOSやAnd
roidなどのスマートフォンやタブレットの場合は、専用アプリをインストールして利用し
ます。

Webブラウザから利用する場合とデスクトップアプリから利用する場合の操作性は
統一されており、基本的な操作性はほとんど違いがないように考慮されています。
ただし、複数のワークスペースへ参加している場合のワークスペースの切り替えは、
デスクトップアプリのほうが簡単です。デスクトップアプリは、ワンクリックで切り替え

Webブラウザから使用した場合のSlackの画面。画面構成はデスクトップアプリとほぼ同
じ操作で利用できますが、参加しているワークスペースの切り替えボタンがありません。

られますが、Webブラウザはワンクリックでの切り替えを行えません。また、メッセージのリアルタイムの通知機能を利用する場合もデスクトップアプリのほうが制限が少なく便利です。Slackの活用には、デスクトップアプリの利用をお勧めします。

切り替えボタン

Windows版のデスクトップアプリの画面。Mac版やLinux版でもほぼ同じ画面構成となっており、同じ操作で利用できます。複数のワークスペースに参加している場合は、画面左側に切り替え用のボタンが表示されます。

Webブラウザとデスクトップアプリのサポート環境について

パソコンで利用できるSlackのデスクトップアプリは、以下の環境で利用できます。また、Windowsには、インストーラー版とMicrosoftストアアプリ版が用意されており、Macも同様にインストーラー版とApp Store版が用意されています。

Windows／Macともにインストーラー版とストア版の操作性は基本的に統一されており同じですが、一部の環境設定の内容が異なります。また、Webブラウザは、ChromeやFirefox、Safari、Microsoft Edgeなど主要なWebブラウザに対応しています。

●デスクトップアプリ

OS	システム要件
Windows	Windows 7以降
Mac OS	Mac OS X 10.10以降
Linux	Fedora 28 以降 Ubuntu LTS のリリース 16.04 以降 Red Hat Enterprise Linux 7.0 以降

●Webブラウザ

ブラウザ	システム要件
Chrome	バージョン66以降
Firefox	バージョン60以降
Safari	バージョン10.1以降
Microsoft Edge	バージョン41以降

⊞ スマートフォンやタブレットのサポートについて

Slackは、iOSやAndroidのスマートフォンやタブレットでも利用できます。スマートフォンやタブレットで利用するときは、モバイル版の専用アプリをインストールして利用します。Webブラウザを「PC表示モード」にして、Webブラウザからも利用可能ですが、専用アプリを使う方が便利です。モバイル版のアプリは、以下の環境をサポートしています。

OS	バージョン
iOS	iOS11.1以降
Android	Android 5.0以降

SlackのiPhone版のモバイルアプリの画面。スマートフォンに最適化されています。

SlackのAndroidスマートフォン用のモバイルアプリの画面。iPhone用とほぼ同じ操作で利用できます。

●Slackの利用イメージ

iPhone／Android
スマートフォン

> 企画書の作成期限は明後日だけど、
> 進捗具合は？

タブレット

> ビジュアルが揃えば完成です。

Windowsパソコン

> 明日中にビジュアルを用意します。

Mac

> では、明後日には間に合いそうですね。

iPhone／Android
スマートフォン

> よし、もうひと頑張りしましょう！

Section

03 Slackのプランについて

Slackは、無料で利用できるフリープランのほか、複数の有料プランが用意されており、規模に応じて活用できます。違いを理解して、最適なプランを選択してください。

基本機能は利用可能だが制限があるフリープラン

Slackの無料のフリープランと有料プランを比較した場合のもっとも大きな違いは、閲覧できるメッセージの件数です。無料プランは、閲覧と検索の範囲が直近のメッセージ「10000件」に制限されています。メンバーが送れるメッセージの数に制限はないため、メッセージの表示制限を超えてしまっても、引き続きメッセージを送信できますが、制限を超えたメッセージは閲覧することができなくなります。この制限を解除するには、閲覧できるメッセージの件数に制限がない有料プランにアップグレードする必要があります。

もう1つの大きな違いが、ファイルストレージの容量です。フリープランはワークスペース全体で「5GB」に制限されています。一方、有料プランではスタンダードプランの場合でメンバーごとに10GB、プラスプランの場合はメンバーごとに20GBの容量を利用できます。なお、ストレージの容量制限を超えた場合も引き続き新しいファイルをアップロードできますが、古いファイルがアーカイブされ検索結果に表示されなくなります。

また、フリープランでは、音声通話とビデオ通話が1対1に制限されますが、有料プランでは、画面共有機能付きで最大15人までの同時通話が行えます。

●無料プランの主な内容

価格（ユーザー当たり）	0円
主な機能	・メッセージ履歴が10,000件に制限 ・サードパーティ製アプリとカスタムアプリ10件を利用可能 ・2要素認証の設定 ・音声通話とビデオ通話が1対1のみに限定 ・制限付きのアナリティクス
ファイルストレージの容量	ワークスペース当たり5GB

●有料プランの主な内容

スタンダード	
価格（ユーザー当たり）	850円／月（税別、年払いの場合） 960円／月（税別、月払いの場合）
主な機能	・メッセージ履歴へのアクセスが無制限 ・無制限のアプリ ・2要素認証の必須の設定 ・シングルチャンネル及びマルチチャンネルゲストの招待 ・メッセージとファイル保存期間のカスタマイズ ・ユーザーグループの作成 ・画面共有機能付きの音声及びビデオ通話（最大15人） ・制限なしのアナリティクス
ファイルストレージの容量	メンバーごとに10GB

プラス	
価格（ユーザー当たり）	1600円／月（税別、年払いの場合） 1800円／月（税別、月払いの場合）
主な機能	スタンダードの機能に加えて、以下の機能を利用可能 ・任意のチャンネルへのメッセージ送信権限の設定 ・99.99%のアップタイムを保証するサービス品質保証契約 ・SAML ベースのシングルサインオン ・すべてのメッセージのCorporate Export
ファイルストレージの容量	メンバーごとに20GB

●2つの有料プランの容量の違い

スタンダード

プラス

10GB　10GB　10GB

20GB　20GB　20GB

3人の場合、30GBの
容量が使える

3人の場合、60GBの
容量が使える

Slackのプランの選び方

Slackには無料のフリープランと有料プランがありますが、メッセージのやり取りを行う基本機能に大きな差はありません。たとえば、チャンネルやダイレクトメッセージなどのメッセージ機能はすべてのプランで利用できます。また、メッセージ送信後の編集機能やファイルのアップロード／ダウンロード、ファイルのプレビュー機能などもすべてのプランで利用できます。検索機能にも違いはありません。すべてのプランでメッセージの検索が行え、メッセージの送信者やチャンネル、送信日時などによるフィルタリングも行えます。

このため、Slackの導入を検討している場合は、最初にフリープランを利用して少人数でのテスト運用を行ってから、有料プランで本格導入するという方法が考えられます。また、フリープランで運用を開始し、メッセージの閲覧件数制限やストレージの容量に不満がでてきたら、有料プランにアップグレードするといった使い方もよいでしょう。

Slackは、プランのアップグレードだけでなく、プランのダウングレードも行えます。たとえば、有料のスタンダードプランからフリープランにダウングレードすることもできます。

なお、有料プランにアップグレードすると、メッセージ件数が無制限になり、ストレージの容量が増えるだけでなく、高額なプランほど多くのメンバーで作業する場合に便利な機能が提供されるほか、セキュリティや管理機能が強化されます（Sec.03参照）。たとえば、もっとも高価なEnterprise Gridでは、相互接続された複数のワークスペースで作業を行えるほか、ワークスペースをまたいだ検索やダイレクトメッセージなども利用できます。

プランの切り替えは、Webブラウザで「https://my.slack.com/plans」を開くことで行えます。複数のワークスペースに参加している場合は、＜ワークス

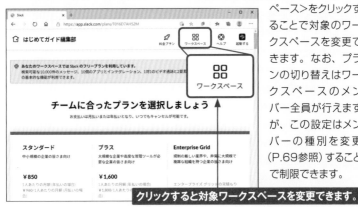

ペース＞をクリックすることで対象のワークスペースを変更できます。なお、プランの切り替えはワークスペースのメンバー全員が行えますが、この設定はメンバーの種別を変更（P.69参照）することで制限できます。

クリックすると対象ワークスペースを変更できます。

第 **2** 章

ワークスペースに
参加する

ワークスペースと
チャンネル

Slackを活用していくうえで、ぜひとも覚えておきたいキーワードが「ワークスペース」と「チャンネル」です。本書でも頻繁に出てくるので、しっかりと理解しておきましょう。

⊕ ワークスペース／チャンネルとは

ワーススペースとは、企業全体や部署のような単一のグループがコミュニケーションを図るための場所（器）です。Slackでは、グループが作業を行うための作業場（器）をプライマリーオーナーと呼ばれるワークスペースの作成者が用意し、そこにユーザーを集めてコミュニケーションを図っていきます。

一方でチャンネルとは、ワークスペース内に設置された会議室です。チャンネルには、メッセージ、ツール、ファイルなどが集約されており、そのチャンネルに参加しているユーザー全員がそれらを共有できます。そして、チャンネルの作成数に制限はありません。たとえば、プロジェクトごとにチャンネルを作成したり、イベントごとにチャンネルを作成したりと、さまざまな議題に応じてチャンネルを作成し、効率よくコミュニケーションを図ることができます。チャンネルには、「#」の文字が先頭に付けられて表示されます。

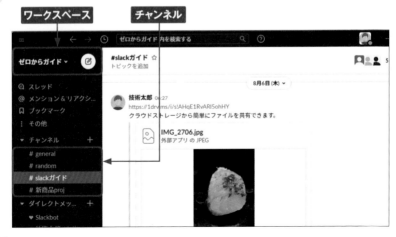

ワークスペースに
参加するには

> ワークスペースは、Webの公開掲示板のように誰もが自由に参加できるわけ
> ではありません。通常は、ワークスペースのメンバーからの「招待」を受諾
> することで参加します。

事前登録済みのユーザーのみが参加できる

今日の一般的なWebサービスでは、そのサービスを使用するためのアカウントを取得することで、各種サービスを利用できるようになります。Slackのワークスペースへの参加も基本的にはこの流れと同じですが、誰でも自由にワークスペースに参加できるわけではありません。Slackのワークスペースへの参加は、ワークスペースを作成したプライマリーオーナー、または参加済みのメンバーによって追加されたユーザーのみが許されます。

また、Slackでは、参加するワークスペースごとにメールアドレスを使用してアカウントを作成する必要もあります。なお、Slackのワークスペースへの参加は無制限で行え、同じメールアドレスで作成可能なアカウントの数に制限はありません。

Slackのワークスペースへの参加方法の中で最も一般的なのが、ワークスペースのメンバーから電子メールで送付される「招待」を受諾することです（Sec.06参照）。また、Webブラウザでワークスペースのサインインページを開き、自分のメールアドレスで参加資格のあるワークスペースを検索してサインインすることもできます（P.28参照）。

ワークスペースの参加メンバーから送付される招待メール。「今すぐ参加」をクリックすることでワークスペースへの参加手続きを開始できます。

ワークスペースのサインインページから、自分のメールアドレスを使って参加資格のあるワークスペースを探すこともできます。

19

06 Slackの利用を始める

Slackのワークスペースへの参加方法としてもっとも一般的な方法が、電子メールによる招待の受諾です。ここでは、ワークスペースのメンバーから届いた招待メールからワークスペースに参加する手順を説明します。

招待メールからSlackの利用を始める

Slackのワークスペースに参加するには、招待メールが届いている必要があります。届いていない場合は、ワークスペースに参加しているメンバーから招待メールを送付してもらってください。

(1) 招待メールを開き、＜今すぐ参加＞をクリックします。

(2) ワークスペースの参加ページがWebブラザで表示されます。氏名が入力されていないときは、氏名を入力し、6文字以上のパスワードを入力します。＜アカウントを作成する＞をクリックします。

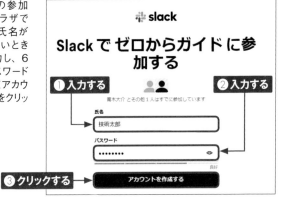

③ 「Slackへようこそ」ページが表示されます。「パスワードを保存」画面が表示されたときは、「保存」または「なし」をクリックします。

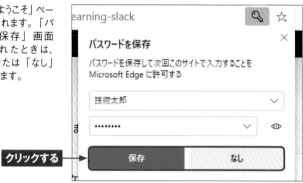

クリックする →

④ 設定ステップを始めます。初めにメッセージを送って、参加したことをメンバーに伝えます。画面をスクロールして、メッセージ入力欄をクリックします。

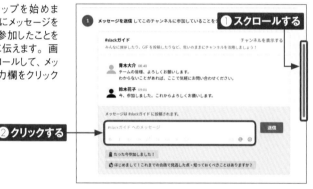

② クリックする

⑤ メッセージを入力し、<送信>をクリックします。

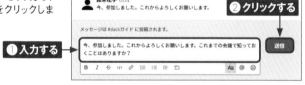

① 入力する

Memo　設定ステップのスキップ

手順④の画面で、「Slackを始める」の上にマウスポインターを移動させ、Ⅹをクリックすると、設定ステップをスキップできます。初めてSlackを使用する場合は、設定ステップを行うことをお勧めします。

クリックする

⑥ 手順⑤で入力したメッセージが送信されます。<Slackを始める>をクリックします。

クリックする

---

⑦ 必要に応じてプロフィール写真を追加します。<ファイルをブラウズする>をクリックします。

クリックする

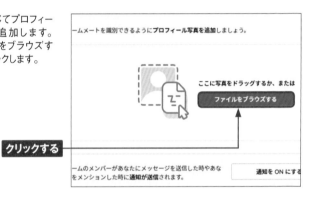

---

⑧ プロフィールに使用する写真をクリックし、<開く>をクリックします。

① クリックする

② クリックする

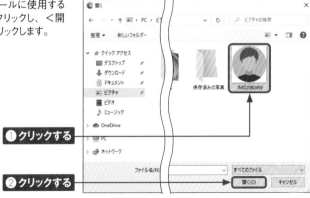

22

9 選択した写真がアップロードされます。<保存する>をクリックします。

10 必要に応じてWebブラウザでSlackを利用するときの通知設定を行います。通知を行う場合は、<通知をONにする>をクリックし、ダイアログボックスが表示されたら、<許可>をクリックします。

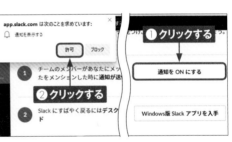

Memo 通知の設定について

手順⑩で行う通知の設定は、WebブラウザでSlackのワークスペースを利用するときの通知の設定です。Slackアプリを利用する場合は、必要に応じて設定を行ってください。

ここまでで、WebブラウザでSlackのアカウントを作成し、Slackを利用できるようになりました。このままWebブラウザだけでSlackを使うこともできますが、より便利なSlackのデスクトップアプリ（Sec.02参照）をインストールしていきます。

11 Slackのデスクトップアプリをインストールします。<○○版（ここでは「Windows版」）Slackアプリを入手>をクリックします。

(12) Slackアプリのダウンロードページが表示されます。ここでは＜Windows 10版をダウンロード＞をクリックします。

(13) Slackアプリの紹介ページが表示されます。＜入手＞をクリックし、ダイアログボックスが表示されたら＜開く＞をクリックします。

(14) Microsoft Storeアプリが起動します。＜入手＞をクリックすると、インストールが始まります。

Memo アプリのインストールについて

Macを利用している場合は、手順⑫でMac用アプリのダウンロードページが表示されます。＜ダウンロード＞または＜Mac App Storeからダウンロード＞をクリックしてアプリのインストールを行ってください。＜Mac App Storeからダウンロード＞を選択した場合は、アプリインストール完了後、＜開く＞をクリックし、手順⑯以降を参考に設定ステップを進めてください。手順⑫でWindows／Macともに＜ダウンロード＞をクリックした場合は、アプリのインストールが完了すると、自動的にSlackアプリが起動するので、手順⑯以降を参考に設定ステップを進めてください。

15 インストールが完了したら、＜起動＞をクリックします。

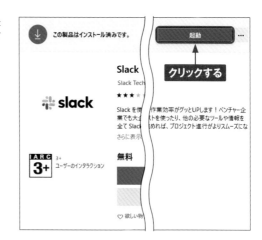

16 Slackアプリが起動します。＜サインイン＞をクリックします。

17 Webブラウザの新しいタブで、ワークスペースへのサインインページが表示されます。ページ下に表示されているサインイン中のワークスペース名（ここでは＜ゼロからガイド＞）をクリックします。

18 サインイン処理が行われ、Webブラウザにダイアログボックスが表示されます。＜開く＞をクリックします。

19 Slackアプリによるワークスペースへのサインインが行われ、ワークスペースが表示されます。＜Slackを始める＞をクリックします。

20 最後の設定ステップが表示されます。＜アプリ一覧＞をクリックします。

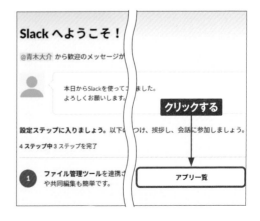

(21) Webブラウザの新しいタブで、ファイル管理アプリのページが表示されます。Slackアプリの適当な場所をクリックします。

クリックする

(22) 「Slackを始める」のすべての設定ステップはこれで完了です。「Slackを始める」を削除したいときは、Slackアプリの「Slackを始める」上にマウスポインターを移動し、✕をクリックします。

(23) ダイアログボックスが表示されるので、<削除する>をクリックします。

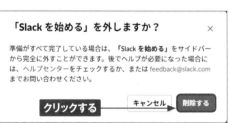

「Slack を始める」を外しますか？　✕

準備がすべて完了している場合は、「Slack を始める」をサイドバーから完全に外すことができます。後でヘルプが必要になった場合には、ヘルプセンターをチェックするか、または feedback@slack.com までお問い合わせください。

クリックする　　キャンセル　削除する

Memo Webブラウザについて

Slackアプリをインストールし、ワークスペースの設定ステップがすべて完了したら、Webブラウザを終了しても問題はありません。

参加資格のある
ワークスペースを探す

Slackには、自分のメールアドレスを使用して参加資格のあるワークスペース
を探して、参加する方法も用意されています。ワークスペースはWebブラウ
ザを利用して探します。

ワークスペースを探して参加する

(1) Webブラウザを起動し、
アドレスバーに「htt
ps://slack.com/get-
started#/find」と入力
し、Enterキーを押しま
す。

(2) 「自分のチームを探しま
しょう」ページが表示さ
れます。メールアドレス
を入力し、<メールで続
行する>をクリックしま
す。

slack

自分のチームを探しましょう

最初に、仕事で使用している Google アカウントかメールアドレスを選択して
ください。

G Google で続行する

あるいは

①入力する → taro.gijyutsu38@outlook.jp

②クリックする → メールで続行する

(3) Webブラウザに「メー
ルをチェックしてくださ
い」と表示されます。

slack

メールをチェックしてくださ
い！

taro.gijyutsu38@outlook.jp 宛に特別なリンクを送信しました。そのリンクを
クリックしてメールアドレスを確認し、利用を開始してください。
メールアドレスを間違って入力した場合は、再入力をお願いします。

M Gmail を開く   Outlook を開く

④ メールアプリを開きます。Slackから送られてきたメールをクリックして開き、<メールアドレスの確認>をクリックします。

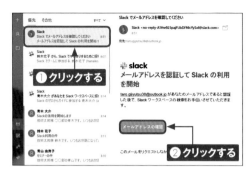

⑤ Webブラウザに参加資格があるワークスペースが表示されます。参加したいワークスペースの<参加する>をクリックします。

参加中のワークスペース

すでにこの Slack チームに参加しています:

	ゼロからガイド	起動する
	zerokara-guide.slack.com	

別のワークスペースに参加する

次の Slack ワークスペースにメールアドレス taro.gijyutsu38@outlook.jp で参加するよう招待が届いています:

	困ったガイド	参加する
	w1593030589-fl8998723.slack.com 👤0	

他のワークスペースをお探しですか？他のメールアドレスを試すか、ワークスペースの管理者に招待してもらえるように相談してください。

クリックする

⑥ ワークスペースの参加ページがWebブラウザで表示されます。Sec.06の手順を参考にワークスペースに参加します。

slack

Slack で 困ったガイド に参加する

鈴木花子 はすでに参加しています

氏名

技術太郎

パスワード

一意のパスワード

アカウントを作成する

☑ Slack についての感想をメールでぜひ送ってください。

続行することにより、Slack の ユーザー向けサービス利用規約、プライバシーポリシー、 Cookie ポリシーに同意したものとみなされます。

08 プロフィールを設定する

プロフィールを作成すると、ワークスペースに参加するほかのメンバーに自分のことをより多く知ってもらえます。プロフィールは、参加しているワークスペースごとに設定することができます。

プロフィールを編集する

プロフィールの編集は、Slackアプリで利用している場合、Webブラウザで利用している場合のいずれも同じ手順で行うことができます。ここでは、Slackアプリを例にプロフィールの編集方法を紹介します。

(1) 画面右上のユーザーアイコンをクリックし、＜プロフィールを編集＞をクリックします。

① クリックする

技術太郎
● アクティブ

☺ ステータスを更新する

ログイン状態を離席中に変更

通知を一時停止する

プロフィールを編集

プロフィールを表示する ← ② クリックする

環境設定

(2) プロフィールを編集画面が表示されます。必要に応じて「氏名」「表示名」「役職・担当」「電話番号」などの項目を入力し、＜変更を保存＞をクリックします。

プロフィールを編集 ×

氏名
技術太郎

表示名
技術太郎
これは名字や名前、ニックネームなど、好きに設定できます。Slackでメンバーから呼ばれたい名前にしましょう。

役職・担当
通常メンバー
ゼロからガイドでのあなたの役割を説明しましょう。

① 入力する

電話番号
03AAAABBBB
電話番号を入力してください。

タイムゾーン
(UTC+09:00) 大阪、札幌、東京 ∨

プロフィール写真

画像をアップロード
写真を削除

② クリックする キャンセル 変更を保存

③ プロフィールが変更され
ます。× をクリックしま
す。

④ プロフィールが閉じま
す。

プロフィール写真を変更する

手順②の画面で<写真を削除>をクリックすると、現在設定されている写真を削除できます。また、<画像をアップロード>をクリックすると、新しい写真に変更できます。

Memo プロフィールを表示する

手順①の画面で、<プロフィールを表示する>をクリックすると、現在のプロフィールを表示できます。また、プロフィールの表示画面で<プロフィールを編集>をクリックすると、手順②のプロフィールを編集画面が表示されます。

Slackの画面構成を確認する

ここではSlackアプリを例に画面構成を説明します。基本的には、Slackアプリ／Webブラウザともに画面構成に大きな違いはありません。細かな違いについては、Memoを参照してください。

Slackの画面構成

画面左側をサイドバーと呼びます。サイドバーには、チャンネルやダイレクトメッセージをやり取りするメンバーの名前などが表示されます。チャンネル名やメンバーの名前をクリックすると、メインページにそれぞれのタイムラインが表示されます。

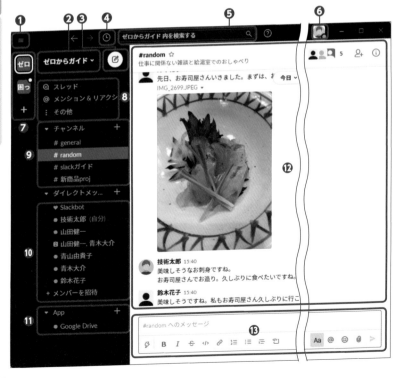

❶	メニューが表示されます。このボタンはSlackアプリにのみ表示されます。
❷	操作中のワークスペース名が表示されます。
❸	新規メッセージを作成します。
❹	操作履歴がメニューで表示されます。
❺	検索ボックスです。クリックしてキーワードを入力すると過去のログを検索できます。
❻	自分の現在のステータスを示すアイコンです。ステータスはアイコン右下のドットで確認できます。また、このアイコンをクリックすると、ステータスの変更やプロフィールの変更を行えます。
❼	表示するワークスペースを切り替えます。このボタンは、Slackアプリで、複数のワークスペースに参加している場合にのみ表示されます。
❽	「全未読」「すべてのDM」「メンション&リアクション」「ブックマーク」「チャンネル検索」「ファイルブラウザ」「メンバーディレクトリとユーザーグループ」「アプリ」などをメインページに表示するためのメニューが表示されます。どのメニューを表示するかは、＜Slackをブラウズする＞または＜その他＞をクリックし、＜環境設定＞をクリックすることでカスタマイズできます。
❾	参加しているチャンネルの一覧が表示されます。チャンネル名をクリックすると、メインページにそのチャンネルのタイムラインが表示されます。
❿	ダイレクトメッセージをやり取りをするメンバーの一覧が表示されます。メンバーをクリックすると、メインページにそのメンバーとのダイレクトメッセージのタイムラインが表示されます。
⓫	インストール済みアプリが表示されます。➕をクリックすると、連携したアプリや連携できるアプリが表示されます。
⓬	メインページです。チャンネルやダイレクトメッセージのメンバーを選択しているときは、メッセージのタイムラインが表示されます。サイドバーからの操作によって、メンバーの一覧やアプリの一覧なども、このメインページに表示されます。
⓭	メッセージの入力ボックスです。タイムラインが表示されているときに表示されます。

Memo Slackアプリ版とWebブラウザの違いについて

SlackをWebブラウザで使用する場合と、Slackアプリで使用する場合の最大の違いは、複数のワークスペースに参加している場合に、ワークスペース切り替え用のボタンがサイドバーに表示されるかどうかです。また、Slackアプリのメニューバーの部分の表示も少し異なり、Slackアプリには≡や←→などが表示されます。

ワークスペース切り替えボタン

33

ワークスペースからサインアウトする

参加中のワークスペースからサインアウトしたいときは、以下の手順で行います。
ワークスペースからサインアウトしても、そのワークスペースのメンバーから削除されるわけではありません。再度、サインインし直せば、すぐに活動を再開できます。ワークスペースからのサインアウトは、SlackアプリでもWebブラウザでも同じ手順で行えます。

(1) ワークスペース名をクリックし、＜以下からサインアウト：...＞をクリックします。

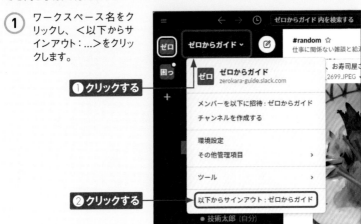

(2) Slackアプリを利用しているときは、Webブラウザが起動します。＜ブラウザからサインアウトする＞をクリックします。

クリックする ▶

以下からサインアウト：ゼロからガイド

Slack デスクトップアプリからサインアウトされましたが、ブラウザではこのワークスペースに引き続きサインインした状態です。

　　　　　　　　　ブラウザからサインアウトする

(3) 「Slackからサインアウトしました」と表示されます。

Slack からサインアウトしました。

　　　　　　　　　もう一度サインインする

第 **3** 章

コミュニケーションする

10

Slackで利用できる3つのメッセージ機能

Slackでは、チャンネルで行う通常の会話（チャット）の機能以外にも、メンバー間でダイレクトメッセージをやり取りしたり、スレッドを使用してメッセージを整理したりできます。

🌐 Slackのメッセージ機能を知る

Slackのメッセージ機能には、大きく分けてチャンネル、ダイレクトメッセージ、スレッドの3つがあります。それぞれ以下のような特長があります。

●チャンネル

チャンネルでは、複数のメンバー同士で会話を行う機能を提供します。チャンネルのメンバーによって送信されたメッセージは、タイムラインに表示され、メンバー全員と共有されます。チャンネルには、ファイルをアップロードすることもでき、PDFや写真などをアップロードするとプレビューが表示されます。

チャンネルの一覧

タイムライン

画像やPDFなどはプレビューが表示される

チャンネル名が太字になっている場合は、未読のメッセージがあることを示しています。チャンネルを選択するとタイムラインが表示されます。写真やPDFなどがアップロードされているときはタイムラインにプレビューが表示されます。

●ダイレクトメッセージ

ダイレクトメッセージは、メンバー間で個別の会話を行う機能です。チャンネルのメンバーに知らせる必要のないメッセージのやり取りを行いたいときに使用します。最大8人のメンバーと同時に会話できます。

特定のメンバー同士で直接会話を行うのがダイレクトメッセージです。写真やPDFなどのファイルをアップロードすることもできます。

●スレッド

スレッドは、チャンネルやダイレクトメッセージ内でやり取りしている特定のメッセージに対して返信を行い、そのメッセージに関する会話をタイムラインから切り離して、会話を継続する機能です。スレッドはオリジナルのメッセージに紐付けられ、そのスレッドに対しての返信は、タイムラインには表示されなくなり、スレッドに参加したり、スレッドをフォローしているメンバーのみに新しい返信が届きます。スレッドをチャンネル内で使用すれば、ほかの会話のやり取りを妨げることなく、会話を行えるというメリットがあります。また、会話を整理して、本題から外れるのを防ぐこともできます。

スレッドがある場合に表示される

スレッドがある場合、●件の返信と表示され、他のメッセージと区別される

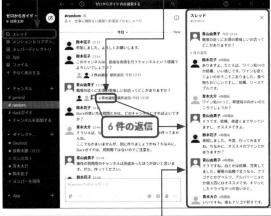

6件の返信

スレッドを使用しているメッセージには、タイムライン上で「●件の返信」と表示されます。スレッドの返信は、タイムラインには表示されません。タイムラインから切り離されて表示されます。

スレッドのタイムライン。＜●件の返信＞をクリックすると表示される

Section

11

チャンネルに参加する

Slackのワークスペースに参加したら、用意されているチャンネルに参加して
ほかのメンバーとコミュニケーションを始めましょう。ここでは、ワークスペー
ス内のチャンネルへの参加方法を解説します。

チャンネルのアイコンの違いについて知ろう

Slackにおいて、ほかのメンバーとの共有コミュニケーションスペースとなるチャンネ
ルには、「パブリックチャンネル」と「プライベートチャンネル」があります。
パブリックチャンネルは、ワークスペースに参加しているメンバーなら誰でも"自由"
に参加できる公開チャンネルです。「#Slackガイド」のように「#」付きでサイドバー
にチャンネル名が表示されます。プライベートチャンネルは、「招待」を受けたメンバー
のみが参加できる"非公開"チャンネルです。サイドバーに🔒のアイコン付きでチャ
ンネルが表示され、招待されたメンバーにのみ表示されます。なお、すべてのパブリッ
クチャンネルがサイドバーのチャンネルリストに表示されるわけではありません。チャン
ネルリストに表示されていないチャンネルに参加したいときは、次ページの手順でチャ
ンネルの参加手続きを行ってください。

「#」で始まるチャンネルが
パブリックチャンネル。🔒
アイコンから始まるチャンネ
ルが、プライベートチャンネ
ルです。プライベートチャン
ネルは、招待メンバーのみに
表示されます。

サイドバーに表示されていないチャンネルに参加する

1 サイドバーの+をクリックし、<チャンネル一覧>をクリックします。

2 チャンネル一覧が表示されます。参加したいチャンネル(ここでは「#ヘルプ」)をクリックします。

クリックする

3 <チャンネルに参加する>をクリックします。

クリックする

Memo 文字が薄く表示されるチャンネルについて

未参加のチャンネルは、サイドバーにチャンネル名が薄く表示される場合があります。そのチャンネルに参加するときは、チャンネル名をクリックして、<チャンネルに参加する>をクリックしてください。

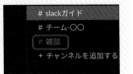

Section

12 メッセージを読む

チャンネルに送信されたメッセージを読みたいときは、サイドバーのチャンネル名をクリックします。未読のメッセージがあるチャンネルは、チャンネル名が太字で表示されます。

メッセージを読む

1 サイドバーのチャンネル名（ここでは＜Slackガイド＞）をクリックします。

2 選択したチャンネルのメッセージが表示されます。

Memo 新規メッセージが送信されると通知が表示される

通知を有効に設定している場合、自分が参加しているチャンネルに新しいメッセージが送信されると、右のような通知が表示されます。また、通知をクリックすると、そのメッセージがデスクトップアプリやWebブラウザで表示されます。なお、WebブラウザでSlackを利用している場合、Webブラウザを終了すると通知は表示されません。

⚙ スレッドのメッセージを読む

(1) タイムラインの<●件の返信>（ここでは<7件の返信>）をクリックします。

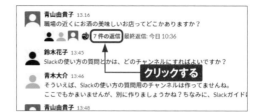

(2) スレッドのメッセージ画面が表示されます。✕をクリックします。

クリックする

(3) スレッドのメッセージ画面が閉じます。

Memo 参加しているスレッドのメッセージの一覧表示する

サイドバーの上方に表示されている<スレッド>をクリックすると、自分が参加しているスレッドやフォローしているスレッドのメッセージを一覧表示できます。

Section

13 メッセージを送信する

チャンネルのメッセージを読んだら、次は、メッセージを送信してみましょう。メッセージの送信は、チャンネルのメッセージフィールドから行う方法と<新規メッセージ>ボタンから行う方法があります。

✻ メッセージフィールドからメッセージを送信する

(1) 表示中のチャンネルのメッセージフィールドにメッセージを入力し、➤をクリックします。

Memo メッセージの送信

メッセージは、Ctrlキー（Macはcommandキー）を押しながらEnterキーを押すことでも送信できます。

❶入力する ❷クリックする

青山由貴子 21:20
若干、作業が遅れ気味ですが、皆さんの進捗具合は各自、現在の状況をお知らせください。

現在の進捗率は、90%ぐらいといったところです。来週

(2) 入力したメッセージがタイムラインに表示されます。

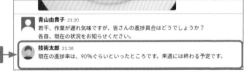

表示される

青山由貴子 21:20
若干、作業が遅れ気味ですが、皆さんの進捗具合はどうでしょうか？各自、現在の状況をお知らせください。

技術太郎 21:38
現在の進捗率は、90%ぐらいといったところです。来週には終わる予定です。

Memo Slackbotからのメッセージについて

タイムラインにメッセージを送信すると、Slackbotから自分宛てにメッセージが表示される場合があります。このメッセージは、自分だけに表示されて、ほかのメンバーには表示されません。<了解>をクリックすると、次回から同じ内容のメッセージは表示されなくなります。

第3章 コミュニケーションする

🎯 新規メッセージボタンからメッセージを送信する

(1) ⬜をクリックします。

(2) メッセージの送信先チャンネルをクリックします。メンバー名をクリックすると、そのメンバーにダイレクトメッセージ（Sec. 20参照）を送信することができます。

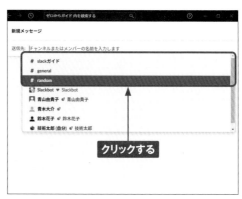

(3) 手順②で選択したチャンネルが表示されます。メッセージフィールドにメッセージを入力し、▶をクリックします。

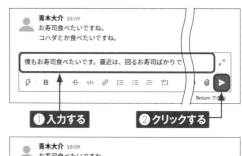

(4) 送信したメッセージがタイムラインに表示されます。

14

ファイルをアップロードする

Slackでは、チャンネルやダイレクトメッセージにファイルをアップロードして、メンバーと共有できます。写真や動画、音声、PDFファイル、Officeファイルなどさまざまなファイルをアップロードできます。

ドラッグ&ドロップでファイルをアップロードする

(1) サイドバーからファイルをアップロードしたいチャンネル（ここでは「#random」）をクリックし、アップロードしたいファイルをタイムラインにドラッグすると、画面が右の図のように変わるので、ドロップします。

(2) ファイルがタイムラインに表示されます。複数ファイルをアップロードしたいときは、手順①の操作を再度行います。必要に応じて、メッセージを入力し、▶をクリックします。

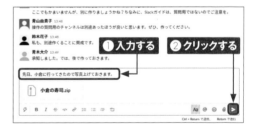

Memo アップロードするファイルについて

ファイルは1回の送信で最大10個までアップロードできます。サイズの上限は1ファイルにつき1GBです。写真やOfficeファイル、PDFファイルをアップロードすると、プレビューが表示されますが、4500万ピクセル以上の写真や50MBを超えるOfficeファイルのプレビューは行えせん。また、音声や動画は、タイムライン上でインライン再生できます。

メッセージフィールドからファイルをアップロードする

1 メッセージフィールドの 📎 をクリックし、＜自分のコンピューター＞をクリックします。

2 アップロードしたいファイルをクリックし、＜開く＞をクリックします。

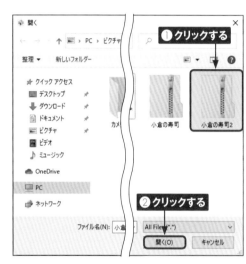

3 ファイルがタイムラインに表示されます。必要に応じて、メッセージを入力し、➤をクリックします。

Section

15

ファイルをダウンロードする

チャンネルやダイレクトメッセージにアップロードされたファイルは、ダウンロードして保存できます。Slackにアップロードされたファイルは、原則ダウンロードすることによって開くことができます。

アップロードされたファイルをダウンロードする

1 タイムライン上のアップロードされたファイルの上にマウスポインターを置くと ⬇ が表示されるのでクリックします。

2 ファイルがダウンロードされます。

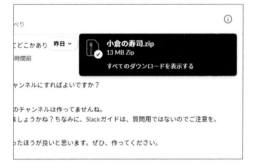

Memo ファイルの保存先

Windowsの場合は、「ダウンロード」フォルダーにダウンロードしたファイルが保存されます。Macの場合は、手順①のあとにファイルの保存先フォルダーの選択画面が表示され、そこで選択したフォルダーにファイルが保存されます。

メッセージを装飾する

メッセージフィールドに入力したメッセージは、太字、斜体、取り消し線などで装飾できます。メッセージを装飾することで、ほかのメンバーとのコミュニケーションをより円滑に行えます。

メッセージを装飾する

1 メッセージフィールドにメッセージを入力し、装飾したい文字列を選択して、**B**、*I*、$\mathcal{S}$ のいずれか（ここでは **B**）をクリックします。

2 選択した文字列が太字になります。▶をクリックしてメッセージを送信します。

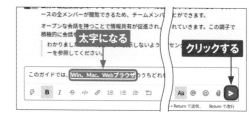

Memo 装飾を解除する

装飾を解除したいときは、文字列を選択して装飾に使用したボタンと同じボタンを再度クリックするか、Ctrlキー（Macはcommandキー）を押しながらZキーを押します。

17

メッセージで
絵文字を送信する

メッセージの文中に絵文字を使うと楽しいだけでなく、メッセージの体裁をよくしたりすることにもひと役買います。ここでは、絵文字を使用したメッセージの作成方法を紹介します。

メッセージに絵文字を入力する

(1) メッセージフィールドの ☺ をクリックし、使いたい絵文字をクリックします。

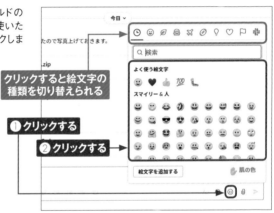

クリックすると絵文字の
種類を切り替えられる

① クリックする

② クリックする

(2) メッセージフィールドに絵文字が入力されます。

小倉の寿司2.zip
13 MB Zip

追加された

Memo 絵文字の大きさについて

メッセージに絵文字を入力すると、絵文字の大きさが文字の大きさに合わせて自動調整されます。また、メッセージに文字がなく、絵文字だけの場合は、絵文字が大きく表示されます。

第3章 コミュニケーションする

18 メッセージに絵文字でリアクションする

メンバーの送信したメッセージに対して、絵文字でSNSの「いいね」のようなリアクションを行うことができます。相手にすばやく意思表示をしたいときに利用すると便利です。

リアクションを絵文字で返す

(1) リアクションしたいメッセージにマウスポインターを移動し、😃をクリックします。

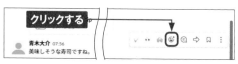

(2) リアクションに使用する絵文字をクリックします。

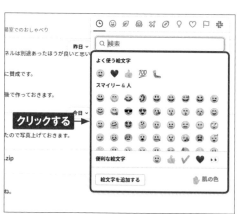

(3) メッセージに絵文字のリアクションが付きます。

Memo 絵文字のリアクション機能について

メッセージに付けられた絵文字のリアクションの上に、マウスポインターを置くとリアクションを行ったメンバーを確認することができます。

19

スレッドを作成して やり取りをまとめる

スレッドを利用すると、特定のメッセージを起点に、そのテーマを掘り下げて 会話することができます。これによってチャンネル内の会話を整理し、本題か ら切り分けることができます。ここでは、スレッドの作成方法を紹介します。

メッセージを起点としてスレッドを開始する

1 スレッドの起点になる メッセージにマウスポイ ンターを移動し、 をク リックします。

2 スレッドが開始され、ス レッド画面が表示されま す。スレッドのメッセージ フィールドにメッセージを 入力し、 をクリックし ます。

第3章 コミュニケーションする

50

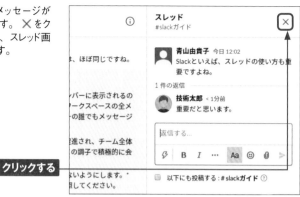

③ スレッドにメッセージが返信されます。✕ をクリックすると、スレッド画面が閉じます。

クリックする

Memo スレッドをフォローする

作成したスレッドに対するメッセージは、通常のタイムラインには表示されません。タイムラインにもメッセージを表示したいときは、P.50手順②の画面でメッセージフィールドの下にある<以下にも投稿する>にチェックを入れて▶をクリックします。

スレッドに対する新規メッセージの通知は、そのスレッドにメッセージを返信したメンバーまたはスレッドをフォローしているメンバーに対して行われます。メンバーになっていないスレッドの最新情報を把握したいときは、そのスレッドをフォローします。スレッドの元となったメッセージにマウスポインターを移動して、⋮ をクリックし、<スレッドをフォローする>をクリックします。

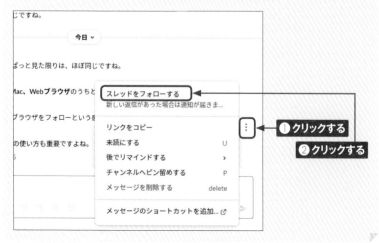

ダイレクトメッセージで直接やり取りする

ダイレクトメッセージを使用すると、最大8人のユーザー同士で会話できます。この機能は、チャンネルで共有する必要のないメッセージのやり取りに便利な機能です。ここでは、ダイレクトメッセージの使い方を紹介します。

サイドバーから1人のメンバーと直接会話する

(1) サイドバーのダイレクトメッセージのメンバー一覧で、メッセージを送りたいメンバーをクリックします。

クリックする

(2) 手順①で選択したメンバーとのタイムラインが表示されます。メッセージフィールドにメッセージを入力し、▶をクリックします。入力したメッセージがタイムラインに表示されます。

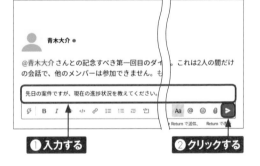

①入力する　　　**②クリックする**

Memo　新規メッセージボタンからダイレクトメッセージを使う

サイドバーの◻をクリックし、送信先にメンバーを指定すると、そのメンバーに対してダイレクトメッセージを送信できます。

サイドバーに表示されていないメンバーと直接会話する

(1) サイドバーのダイレクトメッセージの＋をクリックします。

(2) 新しいダイレクトメッセージの画面が開いて、ワークスペースに参加しているメンバーのリストが表示されます。ダイレクトメッセージを送りたいメンバー（ここでは＜山田健一＞）をクリックします。

(3) 手順②で選択したメンバーが入力フィールドに表示されるので＜開始＞をクリックします。

Memo メンバーを間違えたときは

選択したメンバーが間違っていたときは、手順③の画面でメンバー名の右に表示されている✕をクリックします。

④ サイドバーに手順②で選択したメンバーが追加され、タイムラインが表示されます。メッセージフィールドにメッセージを入力し、▶をクリックします。

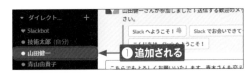

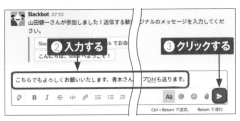

複数メンバーでダイレクトメッセージを使う

① サイドバーのダイレクトメッセージの＋をクリックします。

② 新しいダイレクトメッセージの画面が開いて、ワークスペースに参加しているメンバーのリストが表示されます。ダイレクトメッセージを送りたいメンバー（ここでは＜青木大介＞）をクリックします。

Memo 新しいメンバーを招待する

サイドバーのダイレクトメッセージ下にある＜メンバーを招待＞（Macは＜チームメンバーを追加する＞）をクリックすると、「メンバーを以下に招待：○○○○（○○○○はワークスペース名）」画面が表示され、ワークスペースに新しいメンバーを招待できます。招待するとそのメンバーに対して招待メールが送信されます。

3 手順②で選択したメンバーが入力フィールドに表示されます。ダイレクトメッセージのメンバーとして追加したい別のメンバー（ここでは＜山田健一＞）をクリックします。

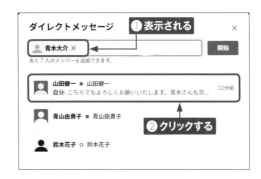

4 手順③を繰り返して、複数のメンバーをすべて選択し、＜開始＞をクリックします。

5 サイドバーに選択したメンバーが追加され、タイムラインが表示されます。

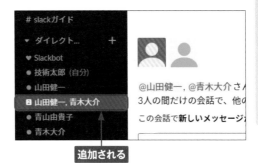

6 メッセージフィールドにメッセージを入力し、▶をクリックします。

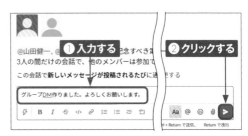

21 メンションで注意を惹く

メンションを使用すると、チャンネルにメッセージを送信したときに、迅速に確認してほしいメンバーに対して通知を行えます。ここでは、メンションの使い方を紹介します。

メンションとは

メンションとは、対象メンバーに対して通知を行い、送信したメッセージに対する注意を促す機能です。たとえば、迅速な確認を要するメッセージやすべてのメンバーに見てほしい重要なメッセージにメンションをすれば、注意を喚起することができます。メンションされたメッセージには青色（自分以外）または黄色（自分）でハイライトされたメンバー名が追加されます。メンションしたいときは、メッセージ作成時に「@（アットマーク）」を入力して、メンションしたいメンバー名を入力するか、メンバーを選択します。なお、メンションしたメンバーがおやすみモードで通知を一時停止している場合（Sec.25参照）や送信済みメッセージをあとから修正してメンションした場合、通知は表示されません。

メンバーをメンションすると、メッセージに自分の名前は「黄色」、自分以外のメンバーは「青色」でハイライトされた名前が追加されます。

📧 メッセージにメンションを使う

① メッセージフィールドにメッセージを入力したら、「@（アットマーク）」を入力します。メニューが表示されるので、メンションしたいメンバーをクリックします。@ をクリックしたり、メンバー名を直接入力することも可能です。

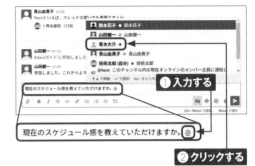

② メッセージにメンションが付きます。複数のメンバーにメンションしたいときは、手順①の作業を繰り返します。▶をクリックしてメッセージを送信します。

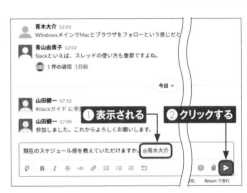

Memo 自分に関する最近のメンションを表示する

サイドバーの＜メンション&リアクション＞をクリックすると、自分の名前がメンションされた最近のメッセージを確認することができます。

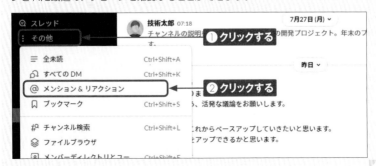

Section

22

送信済みメッセージを編集する／削除する

Slackは、送信されたメッセージをあとから修正したり、メッセージそのものを削除したりすることができます。メッセージの削除は送信者とプライマリーオーナーが、修正は送信者のみが行えます。

メッセージを編集（修正）する

1 修正したいメッセージにマウスポインターを移動し、⋮をクリックして、<メッセージを編集する>をクリックします。

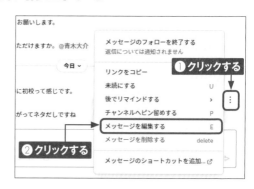

2 選択したメッセージの編集フィールドが表示されます。メッセージを修正して、<変更を保存する>をクリックします。

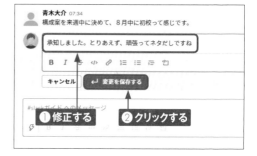

Memo **修正は送信者のみが行える**

メッセージの修正が行えるのは、通常、メッセージの送信者本人のみです。他人が送信したメッセージを修正することはできません。

第3章 コミュニケーションする

3 選択したメッセージが修正されます。修正されたメッセージには、「(編集済み)」と表示されます。

メッセージを削除する

1 修正したいメッセージにマウスポインターを移動し、：をクリックして、<メッセージを削除する>をクリックします。

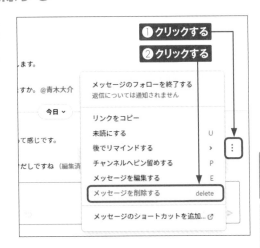

2 <削除する>をクリックします。

Memo 削除したメッセージは復元できない

メッセージの削除を行うと、そのメッセージは永久に削除され、復元できません。削除を行う場合は、注意してください。なお、メッセージの削除は、送信者本人以外にもプライマリーオーナー（管理者）も行えます。

23 メンバーと通話する

Slackには、「Slackコール」と呼ばれる音声通話／ビデオ通話機能が備わっていて、簡単な操作で通話を開始できます。無償のフリープランの場合、1対1の通話を利用できます。

メンバーとの通話を開始する

(1) 通話したいメンバーとのダイレクトメッセージを開始し、📞 をクリックします。

(2) Slackコールの画面が表示され、ダイレクトメッセージの相手に発信されます。

山田健一

Memo チャンネルから発信する

メンバーとの通話は、チャンネルのタイムラインから行うこともできます。チャンネルのタイムラインから発信したいときは、通話したい相手の名前をクリックし、<通話を開始>をクリックします。

第3章 コミュニケーションする

着信を受ける

1 Slackコールの着信が あると、通話画面が表 示されます。📞をクリッ クします。

クリックする

2 通話が始まります。通 話を終了するときは📞 をクリックします。

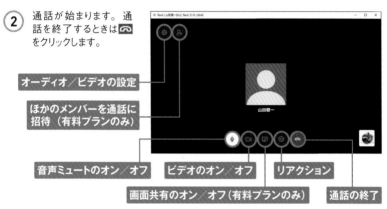

オーディオ/ビデオの設定

ほかのメンバーを通話に 招待（有料プランのみ）

音声ミュートのオン/オフ　**ビデオのオン/オフ**　**リアクション**

画面共有のオン/オフ（有料プランのみ）　**通話の終了**

3 ダイレクトメッセージのタ イムラインに通話時間な どの履歴が表示されま す。

Memo 操作ボタンの表示

操作ボタンが消えた場合は、通話画面内でマウスを 動かすと再表示されます。また、通話画面以外の場 所をクリックすると、小さな操作画面が別表示されま す。音声のミュートやビデオのオフ、通話の終了はこ の画面からも行えます。

24 ステータスを設定する

ステータスを活用すると、自分の現在の状況をほかのメンバーに簡単に知らせることができます。Slackでは、さまざまなステータスを設定できます。ここでは、ステータスの設定方法を紹介します。

ステータスを設定する

1. 画面右上のユーザーアイコンをクリックし、<ステータスを更新する>をクリックします。

2. ステータスの設定画面が開きます。入力フィールドにステータスの説明を入力し、 ··· をクリックします。

Memo **ステータスをリストから選択する**

ここでは、任意のステータスを設定していますが、手順②で入力フィールドの下に表示されているリストからステータスを選択することもできます。

(3) ステータスに使用するアイコンをクリックします。

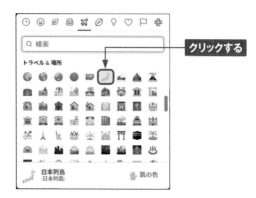

クリックする

(4) 選択したアイコンが設定されます。「次の時間の経過後に削除」の ∨ をクリックして、期間（ここでは＜今週＞）をクリックします。

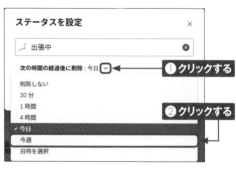

① クリックする

② クリックする

(5) ＜保存＞をクリックすると、ステータスが設定されます。

クリックする

Memo メンバーのステータスの確認方法

メンバーのステータスは、チャンネルやダイレクトメッセージのタイムラインに表示さるメンバー名の右側にアイコンで表示されるほか、サイドバーのダイレクトメッセージに表示されるメンバー名の右側にアイコンで表示されます。また、表示されているアイコンの上にマウスポインターを置くと、そのステータスの説明が表示されます。

25 おやすみモードを設定する

おやすみモードは通知を一時停止する機能です。おやすみモードは、毎日指定の時間帯にスケジュールされていますが、作業に集中したいときなどに設定することもできます。

一時的におやすみモードを設定する

1 画面右上のユーザーアイコンをクリックし、＜通知を一時停止する＞をクリックします。おやすみモードを設定する時間（ここでは＜2時間＞）をクリックします。

2 おやすみモードが設定され、ユーザーアイコンの右下に のアイコンが表示されます。

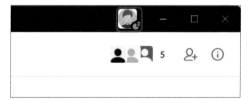

Memo 任意の時間を設定する

手順①で、おやすみモードを設定する時間に＜カスタム＞をクリックすると、現在の時間から指定日時までおやすみモードを設定できます。

おやすみモードのスケジュールを変更する

1 画面右上のユーザーアイコンをクリックし、<通知を一時停止する>をクリックします。<通知スケジュールを設定する>)をクリックします。

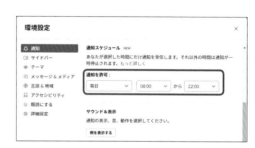

2 通知を許可する条件と時間を設定します。

Memo おやすみモードを解除する

おやすみモードを解除したいときは、画面右上のユーザーアイコンをクリックします。<通知を一時停止する>をクリックして、<オフにする>をクリックします。

ログイン状態を変更する

Slackは、ほかのメンバーに自分の現在の状態を知らせる方法を複数用意しています。1つは、Sec.24で紹介したステータスです。

もう1つが、ログイン状態の管理です。ワークスペースへのログイン状態を「アクティブ」か「離席中」に切り替えることができます。ログイン状態を切り替えると、ユーザーアイコンの右下にあるドットの色が変更され、ほかのメンバーはドットの色によって、ログイン状態を知ることができます。

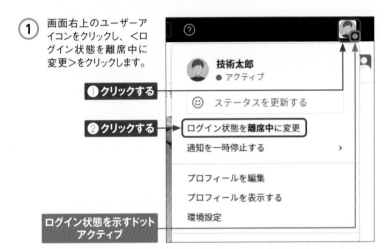

(1) 画面右上のユーザーアイコンをクリックし、＜ログイン状態を離席中に変更＞をクリックします。

① クリックする

② クリックする

ログイン状態を示すドット アクティブ

(2) ログイン状態がアクティブだった場合は「離席中」、離席中だった場合は「アクティブ」に変更されます。

ログイン状態を示すドット 離席中

第 **4** 章

チャンネルを
作成する／設定する

ワークスペースの メンバー種別を設定する

ワークスペースのメンバーには、権限の異なる4種類の種別があります。この種別を参加メンバーに割り当て、特定のメンバーにワークスペースの管理や運営に関わるさまざまな権限を付与できます。

⊕ メンバーの4種類の種別とは

ワークスペースのメンバーには、「プライマリーオーナー」「ワークスペースのオーナー」「ワークスペースの管理者」「通常メンバー」の4種類の権限の異なる種別があります。プライマリーオーナーはそのワークスペースの作成者であり、ワークスペースに関するすべての権限を有する特別な管理者です。ワークスペースのオーナーは、プライマリーオーナーによって任命され、プライマリーオーナーに準ずる権限を有します。プライマリーオーナーと違って、ワークスペースの削除権限はありません。ワー

●権限の主な違い

	プライマリーオーナー	ワークスペースのオーナー	ワークスペースの管理者	通常メンバー
ワークスペースのオーナーを任命する	○	○	—	—
ワークスペースのオーナー権限を取り消す	○	—	—	—
ワークスペースの管理者を任命する	○	○	○	—
ワークスペースの管理者を通常メンバーに戻す	○	○	—	—
チャンネルの作成	○	○	○	○
チャンネル名を変更する	○	○	○	作成者のみ
チャンネルを削除する	○	○	○	—
パブリックチャンネルをプライベートチャンネルに切り替える	○	○	○	—
メッセージの削除	○	○	○	自分のメッセージのみ
メンバーアカウントの解除	○	○	○	—

クスペースの管理者は、チャンネルの削除やアーカイブなどワークスペースの管理、運用に関するさまざまな権限を有します。プライマリーオーナーやワークスペースのオーナーは、ワークスペースの管理者の任命および通常のメンバーに戻す権限を有していますが、ワークスペースの管理者は、ワークスペースの管理者の任命権限のみを有します。ワークスペースは、ワークスペースの管理者やワークスペースのオーナーを任命することで、効率的な管理運用を行うことができます。

メンバーの種別の変更を行う

(1) ワークスペース名をクリックし、＜設定と管理＞をクリックします。＜メンバーを管理する＞をクリックします。

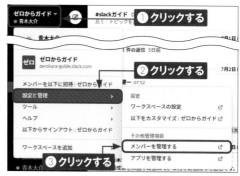

(2) Webブラウザが起動してメンバー管理ページが表示されます。種別を変更したいメンバーの···をクリックし、＜アカウント種別を変更する＞をクリックします。

(3) アカウント種別を変更する画面が表示されます。種別（ここでは「ワークスペースの管理者」）をクリックして選択し、＜保存する＞をクリックすると、そのメンバーの種別が変更されます。

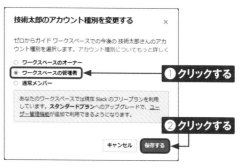

Section

27 チャンネルを作成する

チャットを行う場となるチャンネルは、ワークスペースに参加しているメンバーなら誰でも作成できます。ここでは、誰もが参加できるチャンネル（パブリックチャンネル）の作成方法を紹介します。

新しいチャンネルを作成する

1 チャンネル横の➕をクリックし、＜チャンネルを作成する＞をクリックします。

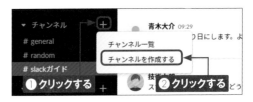

2 チャンネルを作成する画面が表示されます。チャンネル名を入力し、作成するチャンネルの説明を入力して、＜作成＞をクリックします。

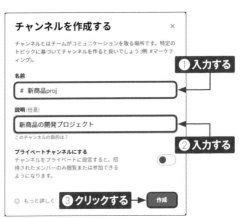

Memo 使用できないチャンネル名

Slackでは、表示言語ごとに一部のチャンネル名が事前予約されており使用できません。日本語の場合、「チャンネル」「ここ」「全員」「自分」「グループ」などのチャンネル名は使用できません。

(3) 作成するチャンネルに追加したいメンバーを選択します。ここでは、例としてすべてのメンバーを追加します。<ゼロからガイドのすべての...>をクリックし、<終了>をクリックします。

(4) チャンネルが作成されます。

Memo 特定のメンバーを追加する

作成するチャンネルに特定のメンバーを追加したいときは、手順③の画面で<特定のメンバーを追加する>をクリックします。続いてメンバーのメールアドレスまたは名前を入力すると候補が表示されるのでクリックして選択し、<終了>をクリックします。メンバーは、1人ずつ複数人追加できます。

Memo チャンネルを作成する画面が表示されない

チャンネルの作成権限を管理者以上のメンバーに設定している場合、チャンネルの作成権限がないメンバーがチャンネル横の＋をクリックすると、チャンネル一覧が表示され、チャンネルの作成を行えません。チャンネルの作成が行えない場合は、プライマリーオーナーに必要な権限が設定されているかどうかを確認してください。

Section

28

チャンネルのトピックや説明を設定する

トピックは、チャンネルのヘッダーに常に表示されます。見逃すことがないので、重要な連絡をメンバーに伝えることができます。また、チャンネルに説明を記載しておくと、そのチャンネルの目的や趣旨がわかりやすくなります。

トピックを設定する

① トピックを設定したいチャンネルをクリックし、＜トピックを追加＞をクリックします。

② 「チャンネルのトピックを編集する」画面が表示されます。トピックを入力し、＜トピックを設定する＞をクリックします。

③ 手順②で入力したトピックがチャンネルに設定され、タイムラインにもその内容が表示されます。

#新商品proj ☆
8 5 　新商品の開発プロジェクト。年末にプレゼンを予定しています。

Memo トピックの設定について

トピックは、チャンネルのヘッダーに配置され、チャンネルを開くと常に表示されます。トピックは半角英数字の場合で250文字、日本語の場合で約80文字まで入力でき、チャンネルのメンバーであれば誰でも変更できます。すでにトピックが設定されている場合は、トピックの文面をクリックすることで編集することができます。

⊞ チャンネルの説明を編集する

1 チャンネルのタイムライン最上部に表示される、説明の末尾の<（編集）>をクリックします。

#新商品proj

今日、あなたがこのチャンネルを作成しました。**#新商品proj** チャンきましょう！ 説明: 新商品の開発プロジェクト (編集)

⚙ アプリを追加する   ♧ メンバーを追加する

クリックする

🔵 **技術太郎** 07:13
#新商品proj に参加しました。

🔵 **技術太郎** 07:13
チャンネルの説明を設定しました：新商品の開発プロジェクト

🔵 **青木大介** 07:13
技術太郎さんにより他3人のメンバーと一緒に #新商品proj に追加されました。

🔵 **技術太郎** 07:15
チャンネルのトピックを設定しました: 新商品の開発プロジェクト。年末にプレ

2 「チャンネルの説明を編集する」画面が表示されます。説明を入力し、<説明を更新>をクリックします。

チャンネルの説明を編集する   **① 入力する**

新商品の開発プロジェクト。年末のプレゼンに向けに活発な議論をお願いします。

② クリックする   このチャンネルの目的を入力します。   **キャンセル**   **説明を更新**

3 チャンネルの説明が更新され、タイムラインにもその内容が表示されます。

#新商品proj

今日、あなたがこのチャンネルを作成しました。**#新商品proj** チャンきましょう！ 説明: 新商品の開発プロジェクト。年末のプレゼンにします。(編集)

⚙ アプリを追加する   ♧ メンバーを追加する

送信された

今日 ∨

🔵 **技術太郎** 07:13
#新商品proj に参加しました。

🔵 **技術太郎** 07:13
チャンネルの説明を設定しました：新商品の開発プロジェクト

🔵 **青木大介** 07:13
技術太郎さんにより他3人のメンバーと一緒に #新商品proj に追加されました。

🔵 **技術太郎** 07:15

Memo チャンネル詳細からトピックや説明を編集する

トピックや説明の編集は、チャンネルの ⓘ →<チャンネル情報>とクリックして、トピックや説明の<編集>をクリックすることでも編集できます。

29

チャンネルにメンバーを追加する

パブリックチャンネル、プライベートチャンネルともに、チャンネル作成時にメンバーの追加を行わなかったり、特定のメンバーのみを追加したりした場合は、必要に応じて、あとからメンバーを追加できます。

パブリックチャンネルにメンバーを追加する

1 メンバーを追加したいチャンネルをクリックし、👤➕ をクリックします。

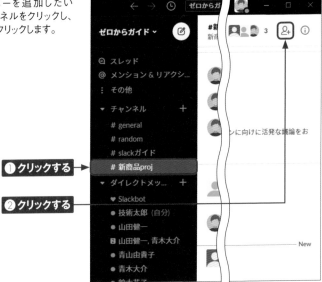

2 「メンバーを追加する」画面が表示されます。追加したいメンバーの名前またはメールアドレスを入力すると候補が表示されるのでクリックして選択します。

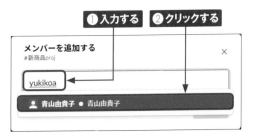

③ 複数のメンバーを追加したいときは手順③の作業を繰り返してメンバーを追加し、<終了>をクリックします。

④ メンバーが追加されます。これにより、メンバー本人が参加手続きを行わなくなっても対象チャンネルに参加した状態になります。

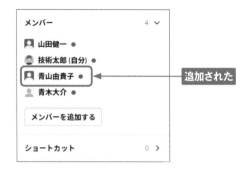

Memo プライベートチャンネルにメンバーを追加するときは？

プライベートチャンネル（Sec.32参照）にメンバーを追加するときは、前ページの手順①のあとに以下の画面が表示されます。<「チャンネル名（ここでは「slackはじめてガイド」）」に追加>をクリックし、<続行する>をクリックすると、手順②の画面が表示されます。また、<新しいチャンネルを作成する>をクリックすると、既存のチャンネルをアーカイブして新しいプライベートチャンネルを作成できます。

なお、プライベートチャンネルにメンバーを追加すると、招待の通知がそのメンバーに届くので、招待を受けたメンバーは参加手続きを行います。

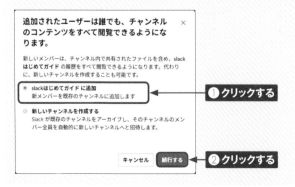

30 チャンネルのメンバーを確認する

Slackでは、簡単な操作でチャンネルに参加しているメンバーを確認できます。チャンネルに参加しているメンバーを知りたくなったときは、ここで紹介する方法で確認してください。

チャンネルに参加しているメンバーを確認する

1 メンバーを確認したいチャンネルをクリックし、🔲🔵⚪ ⁴ をクリックします。

2 チャンネルに参加しているメンバーの一覧が表示されます。メンバー名をクリックすると、そのメンバーの情報が表示されます。

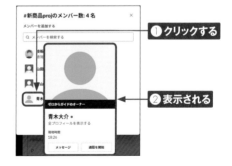

Memo そのほかのメンバーの確認方法

メンバーの追加や確認は、ⓘ をクリックして、＜メンバー＞をクリックすることでも行うことができます。

31 チャンネルからメンバーを外す

ここでは、任意のメンバーをチャンネルから外す方法を紹介します。パブリックチャンネルからメンバーを外せるのは、通常、ワークスペースの管理者以上の権限を持つメンバーのみです。ほかのメンバーはこの作業を行えません。

チャンネルからメンバーを外す

1 メンバーを外したいチャンネルをクリックし、<外す>をクリックします。外したいメンバーの<外す>をクリックします。

2 <はい、削除します>をクリックすると、選択したメンバーがチャンネルから外されます。

Memo チャンネルから外された場合

チャンネルから外されたメンバーは、そのチャンネルに新しいメッセージの送信があっても通知されません。また、パブリックチャンネルの場合、メンバーから外されても、P.39の手順でチャンネルに再参加できます。なお、プライベートチャンネルの場合は、再度招待を受ける必要があります。また、プライベートチャンネルは、パブリックチャネルとは異なり、通常、参加メンバーすべてがほかのメンバーを外すことができます。

Section

32 プライベートチャンネルを作成する

プライベートチャンネルは、特定のメンバーだけが参加できる非公開のチャンネルです。サイドバーのチャンネル名には、錠前のアイコンが付いて表示されます。メンバー以外には、チャンネル名自体が表示されません。

プライベートチャンネルを作成する

(1) チャンネル横の➕をクリックし、＜チャンネルを作成する＞をクリックします。

(2) チャンネルを作成する画面が表示されます。チャンネル名を入力し、作成するチャンネルの説明を入力します。 ● をクリックして ● にして、＜作成＞をクリックします。

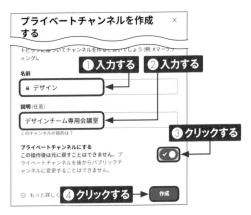

Memo チャンネルを作成する画面が表示されない

チャンネルの作成権限を管理者以上のメンバーに設定している場合、チャンネルの作成権限がないメンバーがチャンネル横の➕をクリックしても、チャンネルの作成は行えません。チャンネルの作成が行えない場合は、プライマリーオーナーまたはワークスペースオーナーに必要な権限が設定されているかどうかを確認してください。

③ メンバーを追加する画面が表示されます。チャンネルに追加したいメンバーの名前またはメールアドレスを入力すると候補が表示されるのでクリックして選択します。

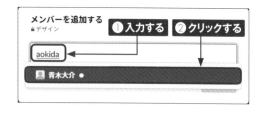

④ 手順③の作業を繰り返して、メンバーをすべてフィールドに追加し、<終了>をクリックします。

⑤ メンバーに招待メールが送信され、プライベートチャンネルが作成されます。

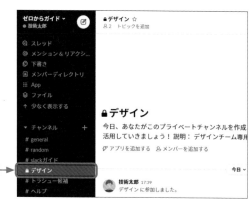

作成される

Memo メンバーをあとから追加する

作成したプライベートチャンネルにあとからメンバーを追加したいときは、手順③で<後でする>をクリックします。なお、プライベートチャンネルは、追加したメンバー以外は参加できません。メンバーの追加は、P.75Memoの手順で行えます。

Section

33 ダイレクトメッセージをプライベートチャンネルにする

3人以上で会話しているダイレクトメッセージは、プライベートチャンネルに変換できます。会話の規模が大きくなり、より多くのメンバーの参加が必要になってきたときは、プライベートチャンネルに変換しましょう。

ダイレクトメッセージをプライベートチャンネルに変換する

(1) プライベートチャンネルにしたいダイレクトメッセージをクリックし、ⓘをクリックします。

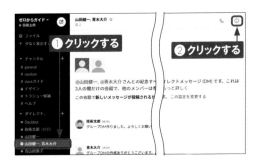

(2) ＜その他＞をクリックし、＜プライベートチャンネルに変換する＞をクリックします。

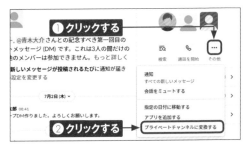

Memo **プライベートチャンネルへの変換**

プライベートチャンネルに変換できるのは、3人以上のダイレクトメッセージです。2人で行っているダイレクトメッセージは変換できません。また、ダイレクトメッセージに参加しているメンバーであれば、誰でもプライベートチャンネルに変換することができます。

(3) 「本当に実行します か?」画面が表示されま す。<はい、続行しま す>をクリックします。

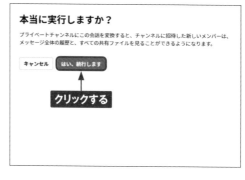

本当に実行しますか?

プライベートチャンネルにこの会話を変換すると、チャンネルに招待した新しいメンバーは、 メッセージ全体の履歴と、すべての共有ファイルを見ることができるようになります。

キャンセル　はい、続行します

クリックする

(4) チャンネル名を入力し、 <プライベートチャンネ ルに変換する>をクリッ クします。

チャンネルの名前を入力する

チップス集　　　　　　　　　　　　　　　　　　75

名前は80文字まで、日本語、英字（小文字）、数字、ハイフン、アンダーバーが使えます。スペースやピリオド は入れないでください。

青木大介, 山田健一 とのグループ DM をプライベートチャンネルに変換しようとしています。 **変換後は元に戻すことはできません。**

キャンセル　プライベートチャンネルに変換する　　❶ 入力する

❷ クリックする

(5) ダイレクトメッセージに参 加していたメンバーを引 き継ぎ、プライベートチャ ンネルに変換されまし た。メンバー全員に Slackbotから変更の メッセージが送られます。

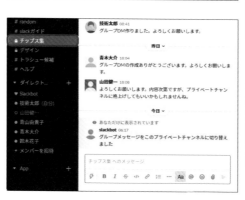

random
slack ガイド
🔒 チップス集
🔒 デザイン
トラッシュ候補
ヘルプ
▼ ダイレクト...　　+
▼ Slackbot
● 技術太郎（自分）
○ 山田健一
● 青山由香子
● 青木大介
● 鈴木花子
＋ メンバーを招待
▼ App　　　+

技術太郎 08:41
グループDM作りました。よろしくお願いします。

昨日 ～

青木大介 18:04
グループDMの作成ありがとうございます。よろしくお願いしま す。

山田健一 18:08
よろしくお願いします。内容次変ですが、プライベートチャン ネルに格上げしてもいいかもしれませんね。

今日 ～

● あなただけに表示されています
slackbot 08:17
グループメッセージをこのプライベートチャンネルに切り替え ました

チップス集 へのメッセージ

G　B　I　S　⟨⟩　𝒫　≔　…　Aa　@　☺　@　▷

Memo　変換すると元に戻せない

ダイレクトメッセージをプライベートチャンネルに変換すると、元のダイレクトメッ セージに戻すことはできません。

34

チャンネル名を
変更する／削除する

作成したチャンネルの名称が気にいらなかったり、議題の内容とかけ離れて
いる場合は、チャンネル名を変更しましょう。また、不要なチャンネルは削除
することもできます。

チャンネル名を変更する

(1) 名称を変更したいチャン
ネルをクリックし、ⓘ を
クリックします。

(2) ＜その他＞をクリックし、
＜チャンネル名を変更す
る＞をクリックします。

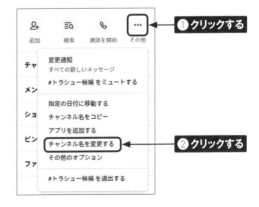

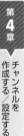

③ 新しいチャンネル名を入力し、＜チャンネル名を変更する＞をクリックします。

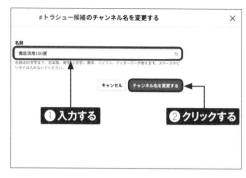

④ チャンネル名が変更され、タイムラインにチャンネル名を変更したことを知らせるメッセージが送信されます。

Memo チャンネル名の変更をキャンセルする

手順③の画面で、＜キャンセル＞をクリックするか、✕ をクリックするとチャンネル名の変更をキャンセルできます。

Memo チャンネル名を変更できるメンバーについて

ワークスペースの管理者以上の権限を持つメンバーは、すべてのパブリックチャンネルと自分の参加しているプライベートチャンネルの名前を変更できます。また、#generalチャンネルの名前を変更することもできます。それ以外のメンバーは、自分が作成したチャンネルの名前のみを変更できます。 ほかのメンバーが作成したチャンネルの名前を変更することはできません。

🎯 チャンネルを削除する

① P.82手順②の画面で、
＜その他のオプション＞
をクリックします。

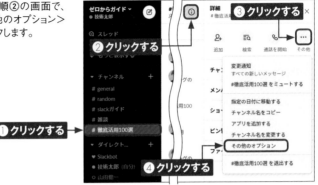

② 「その他のオプション」
画面が表示されます。
＜このチャンネルを削除
する＞をクリックします。

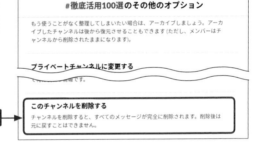

#徹底活用100選のその他のオプション

もう使うことがなく整理してしまいたい場合は、アーカイブしましょう。アーカ
イブしたチャンネルは後から復元させることもできます（ただし、メンバーはチ
ャンネルから削除されたままになります）。

プライベートチャンネルに変更する

このチャンネルを削除する

チャンネルを削除すると、すべてのメッセージが完全に削除されます。削除後は
元に戻すことはできません。

③ ＜はい、完全に削除し
ます＞をクリックし、□
を✓にします。＜チャン
ネルを削除する＞をク
リックすると、チャンネル
が削除されます。

Memo チャンネルを削除できるメンバーについて

ワークスペースの管理者以上の権限を持つメンバーは、自分が参加しているチャ
ンネルを削除できます。なお、チャンネルを削除すると、チャンネル内のすべて
のメッセージとファイルが削除され、復元できなくなります。チャンネルを削除
したくないときは、チャンネルをアーカイブ（P.100参照）しておくことをお勧
めします。

第 **5** 章

使いやすく設定する

Section

35 見た目を変更する

Slackでは、ワークスペースの配色やタイトルバーの色、サイドバーの項目選択中の色などの外観をワークスペースごとにカスタマイズできます。ここでは、ワークスペースの外観を変更する方法を紹介します。

ワークスペースのテーマを変更する

1 サイドバーのワークスペース名をクリックし、<環境設定>をクリックします。

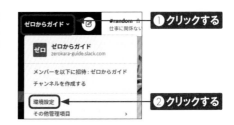

2 「環境設定」画面が表示されるので、<テーマ>をクリックします。<OSの設定と同期する>の ✓ をクリックして □ にし、<ダーク>をクリックします。

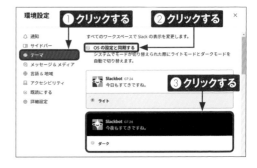

Memo MacやWebブラウザの場合

Macの場合、<OSの設定と同期する>を ✓ に設定すると、「システム環境設定」→「一般」の「外観モード」と設定が同期します。OSとは異なる設定で使用したいときに、<OSの設定と同期する>を □ に設定してください。また、Webブラウザの場合は、<OSの設定と同期する>の設定がありません。<ダーク>をクリックすると、ダークモードに設定されます。

③ ワークスペースの外観がダークモードに設定されます。

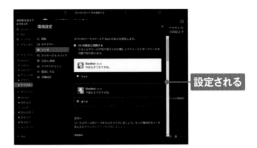

設定される

④ 画面をスクロールして、カラーのタイトルバーやサイドバーの項目選択中の色のテーマ（ここでは＜エッグプラント＞）をクリックします。

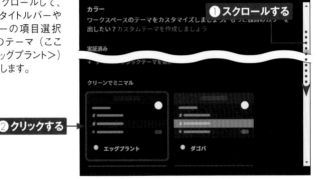

① スクロールする

② クリックする

⑤ タイトルバーやサイドバーの項目選択中の色が変更されます。✕をクリックして、設定画面を閉じます。

① 変更される

② クリックする

Memo タイトルバーやサイドバーの項目選択中の色について

Webブラウザでタイトルバーやサイドバーの項目選択中の色の変更を行うと、その設定がSlackアプリに同期されて同じ配色になります。なお、逆にSlackアプリからタイトルバーやサイドバーの項目選択中の色の変更を行った場合、その配色はWebブラウザには反映されません。また、ダークモードの設定は、Slackアプリ、Webブラウザのどちらで設定を行っても、その設定は同期されません。SlackアプリとWebブラウザで別々の設定を行います。

Section

36

通知設定を変更する

ここでは、参加しているチャンネルに新しいメッセージが送信された場合や、自分宛てのダイレクトメッセージが届いたことを知らせる通知機能のカスタマイズ方法を紹介します。

通知の設定画面を表示する

① サイドバーのワークスペース名をクリックし、<環境設定>をクリックします。

② 「環境設定」画面が表示されるので、<通知>をクリックすると、通知の設定画面が表示されます。通知に関する各種設定を行います。また、通知の設定を終えるときは✕をクリックします。

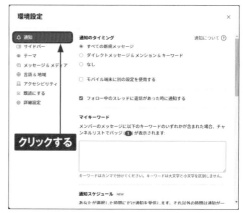

⊛ 通知の詳細設定について

ワークスペースへ参加した際の初期設定では、以下の場合に通知が届くように設定されています。この設定は、ワークスペースへの参加と同時に有効になり、パソコンへの通知とスマートフォンへの通知の両方で同じ設定が適用されています。

●通知が行われる条件の初期値
・自分宛てのダイレクトメッセージを受信したとき
・ほかのメンバーが自分をメンションしたとき、または@channelや@here、@everyoneなどで通知したとき
・ほかのメンバーが自分が設定しているマイキーワードを使ってチャンネルにメッセージを送信したとき
・フォローしているスレッドへの返信があったとき
・Slackbotからリマインダーが届いたとき

●パソコンとスマートフォンで別の通知設定を使用する
Slackの初期設定では、パソコンとスマートフォン同時に通知されることはありません。パソコンがアクティブの場合は、パソコンにのみ通知が行われます。スマートフォンに通知が行われるのは、ロック画面の表示などによってパソコンの画面が1分間ロックされた場合、またはSlackアプリがカーソルの移動を検知できない状態が10分間継続した場合です。この設定は、前ページの手順で通知の設定画面を開き、「デスクトップでアクティブでない時…」で変更できます。また、パソコンとスマートフォンで異なる通知条件を設定したいときは、「モバイル端末に別の設定を使用する」にチェックを入れ、通知を行う条件を選択します。

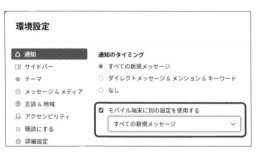

チェックを入れると、パソコンとスマートフォンで異なる通知条件を設定できます。

スマートフォンに通知するタイミングを設定できます。

37

未読メッセージを
すばやく確認する

Slackは、未読メッセージを一箇所にまとめて表示したり、チャンネルにスターを付けて上部に表示することができます。ここでは、これらの機能の使い方を紹介します。

未読メッセージを一箇所にまとめて表示する

① サイドバーの<その他>（<その他>がない場合は、<Slackをブラウズする>）をクリックし、<環境設定>をクリックします。

② 「サイドバー」が選択された状態で「環境設定」画面が表示されます。<全未読>の□をクリックして✓にします。✕をクリックします。

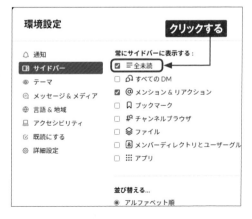

3 サイドバーに「全未読」が表示されます。＜全未読＞をクリックすると、参加しているすべてのチャンネルとダイレクトメッセージの未読が一覧で表示されます。

≡ 全未読

クリックする　　**表示される**

チャンネルにスターを付ける

1 スターを付けたいチャンネルを右クリックし、＜チャンネルにスターを付ける＞をクリックします。

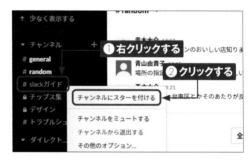

1 右クリックする

2 クリックする

2 サイドバーに「スター付き」という項目が作成され、その中に手順①で選択したチャンネルが移動します。

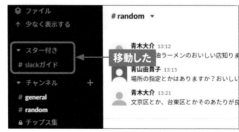

移動した

Memo スレッドの一覧表示について

チャンネル内のスレッドに参加するか、スレッドをフォローする（P.51Memo参照）とサイドバーに「スレッド」という項目が作成されます。＜スレッド＞をクリックすると、スレッドのメッセージ一覧が表示されます。

Section

38 メッセージを検索する

Slackでは、特定メンバーやチャンネル、ダイレクトメッセージ、日付または時間枠など、さまざまな条件を組み合わせてメッセージを検索することができます。また、検索結果をフィルターで絞り込むこともできます。

検索を行う

(1) 画面上部の🔍をクリックします。

クリックする

(2) 検索ウィンドウが開きます。検索フィールドにキーワードを入力すると、キーワードに応じた検索オプションの一覧が表示されるので、目的の検索オプションをクリックします。

①入力する

②クリックする

Memo 検索オプションについて

Slackの検索では、検索モディファイアを検索キーワードとして使用できます。また、検索モディファイアのみを入力して検索を行うと、その条件に当てはまるものすべてが検索結果として表示されます。代表的な検索モディファイアには以下のものがあります。

モディファイア	内容
from:@表示名	表示名のメンバーが送信したメッセージを対象に検索します。
in@チャンネル名	チャンネル名内のメッセージを対象に検索します。
in@表示名	表示名のダイレクトメッセージを対象に検索します。
to@自分の表示名	自分宛てのダイレクトメッセージを対象に検索します。

③ 検索結果が表示されます。検索フィルタを使用すると検索結果を絞り込めます。ここでは例として共有者の名前で検索結果の絞り込みを行います。絞り込みたいメンバーの名前（ここでは＜青木大介＞）をクリックします。

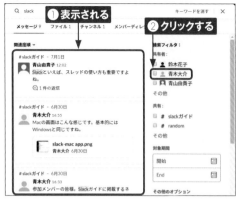

④ 検索結果が絞り込まれます。検索を終了するときは、×をクリックします。

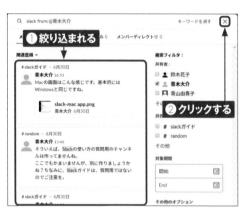

Memo 検索フィルタについて

検索フィルタによる絞り込みは、複数の条件を指定できます。ここでは、例として共有者の名前で検索結果の絞り込みを行っていますが、それ以外にも対象期間やチャンネルなどでも絞り込みを行えます。

Memo 検索結果について

検索結果は、「メッセージ」「ファイル」「チャンネル」「メンバーディレクトリ」の4つのタブに分類して表示されます。それぞれのタブをクリックすると、その項目に応じた結果が表示されます。

Section

39 リマインダーを利用する

Slackでは、ワークスペースの参加メンバーや自分に対して、ダイレクトメッセージを利用してリマインダーを送ったり、チャンネルに送信したりできます。リマインダーを利用することで、確実に予定がこなせるようになります。

自分またはメンバーにリマインダーを送る

① チャンネルまたはダイレクトメッセージをクリックします。メッセージフィールドに半角文字で「/remind」と入力し、続けて半角スペースを入力します。

② 「@（アットマーク）」を入力すると、メニューが表示されるのでリマインダーを送りたいメンバー（ここでは＜青木大介＞）をクリックします。

Memo リマインダーを直接入力する

リマインダーは、メッセージフィールドに直接入力することもできます。その際は、「/remind」のあとに、半角スペースで区切って、リマインダーを送りたいメンバー（1人のみ、複数人は不可）／チャンネル、メッセージ、日時の順で入力します。

Memo 自分にリマインダーを送る

自分にリマインダーを送りたいときは、リマインダーを送る相手を指定する必要はありません。手順②の操作をスキップして手順③に進んでください。

3 リマインダーで送りたいメッセージを入力し、 ▶ をクリックします。

4 リマインダーを送る時間を選択します。＜いつ?＞をクリックし、リマインダーを送る時間（ここでは＜1時間後＞）をクリックします。

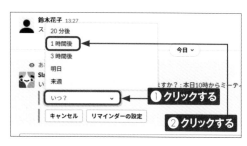

5 ＜リマインダーの設定＞をクリックします。

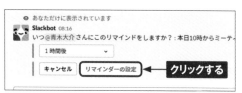

6 リマインダーが設定され、Slackbotからのメッセージが表示されます。指定時間になると、指定したメンバーにSlackbotからダイレクトメッセージが送られます。

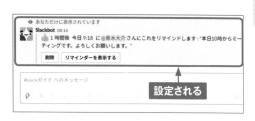

Memo Slackbotを活用する

Slackbotは、Slackで使用できるカスタマイズ可能な対話式のチャットボットです。たとえば、特定の単語やフレーズを含んだメッセージに対して、Slackbotが自動応答するといった活用法が考えられます。Slackbotによる自動応答のカスタマイズは、画面左上のワークスペース名をクリックし、＜その他の管理項目＞または＜設定と管理＞→＜以下をカスタマイズ：「ワークスペース名」＞をクリックして、ワークスペースのカスタマイズページを開き、＜Slackbot＞をクリックすることで行えます。

Section

40

メンバー全員に
メッセージを送る

ここでは、ワークスペースまたはチャンネルに参加しているすべてのメンバーにメッセージを送る方法を紹介します。この機能は、組織に関する重要なお知らせを告知したり、イベントの告知などに活用できます。

ワークスペースのメンバー全員にメッセージを送る

（1） ワークスペースのメンバー全員が参加するチャンネル（ここでは＜#general＞）をクリックします。

（2） メッセージフィールドにメッセージを入力したら、「@（アットマーク）」を入力します。メニューが表示されるので＜@everyone＞をクリックします。

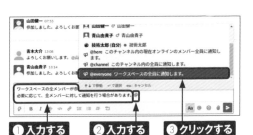

（3） メッセージの末尾に「@everyone」が追加されます。▶をクリックして、メッセージを送信すると、メンバー全員にメッセージが届きます。

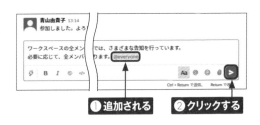

Memo チャンネルのメンバー全員にメッセージを送る

メッセージの末尾に「@channel」を追加すると、チャンネルのメンバー全員にメッセージを送ります。なお、メンバーがおやすみモード中の場合、「@everyone」や「@channel」を付けてもメッセージは届きません。

Section

41 重要なメッセージを ブックマークする

ブックマークを使用すると、重要なメッセージやファイル、参考になるメッセージなどを一箇所にまとめておくことができます。これによって、すばやく重要な情報を確認することができます。

メッセージをブックマークに登録する

(1) ブックマークしたいメッセージの上にマウスポインターを置き、🔖をクリックします。

(2) メッセージがブックマークに登録され、サイドバーに「ブックマーク」が表示されます。サイドバーの<ブックマーク>をクリックすると、ブックマークしたメッセージを確認できます。

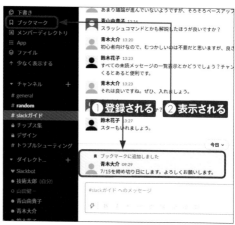

Memo ブックマークから外す

メッセージをブックマークから外したいときは、サイドバーの<ブックマーク>をクリックし、ブックマークを外したいメッセージの上にマウスポインターを置き、🔖をクリックします。

Section

42 メッセージをピン留めする

チャンネルやダイレクトメッセージの重要なメッセージは、ピン留めすることができます。ピン留めはチャンネル内のすべてのメンバーに共有され、タイムラインのメッセージがハイライト表示されます。

メッセージをピン留めする

(1) ピン留めしたいメッセージの上にマウスポインターを置き、⋮をクリックして、<チャンネルへピン留めする>をクリックします。

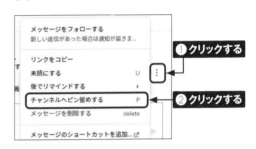

(2) メッセージがピン留めされ、ハイライト表示されます。また、画面右側に詳細画面が表示されます。×をクリックすると、詳細画面が閉じます。

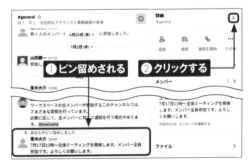

Memo 誰のメッセージでもピン留めできる

メッセージのピン留めは、自分の送信したメッセージだけでなく、ほかのメンバーが送信したメッセージもピン留めできます。最大100個のメッセージをチャンネル／ダイレクトメッセージごとにピン留めできます。メッセージのピン留めは、メンバーの誰もが自由に行えます。

ピン留めされたメッセージを確認する

1 チャンネルまたはダイレクトメッセージ（ここでは<# general>）をクリックし、🔖 をクリックします。

2 画面右側に詳細画面が表示され、ピン留めされメッセージが表示されます。

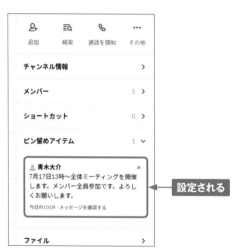

設定される

Memo メッセージのピン留めを外す

メッセージのピン留めを外したいときは、上の手順でピン留めしたメッセージを表示し、✕をクリックするか、タイムラインでピン留めを外したいメッセージの上にマウスポインターを置き、⋮をクリックして、<チャンネルからピンを外す>または<この会話からピンを外す>をクリックします。なお、この操作は、ピン留めを行ったメンバーだけでなく、それ以外のメンバー誰もが行えます。

99

使い終わったチャンネルをアーカイブする

使うことがなくなったチャンネルは、アーカイブして整理しましょう。アーカイブされたチャンネルは、新規メッセージの送信は行えませんが、これまで通り閲覧したり、検索したりできます。また、必要に応じて復元もできます。

チャンネルをアーカイブする

(1) アーカイブしたいチャンネル（ここでは<# 新製品proj>）をクリックし、ⓘをクリックします。

(2) 詳細画面が表示されます。<その他>をクリックし、<その他のオプション>をクリックします。

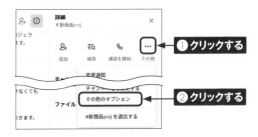

Memo アーカイブを行えるメンバー

アーカイブは、チャンネルに参加しているメンバーなら誰でも行えます。ただし、ワークスペース参加者全員が必ず参加させられるチャンネル（通常は、「# general」や「# ようこそ」など）は、アーカイブすることはできません。

(3) 「その他のオプション」画面が表示されます。<このチャンネルをアーカイブする>をクリックします。

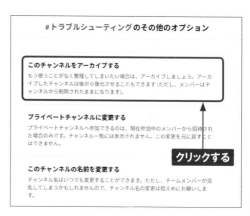

(4) <はい、チャンネルをアーカイブします>をクリックします。

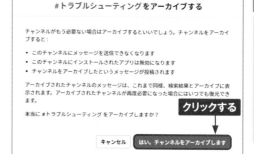

(5) 選択したチャンネルがアーカイブされ、サイドバーからチャンネルが削除されます。

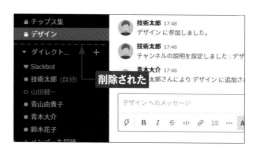

Memo ほかのメンバーに通知が行われる

チャンネルがアーカイブされると、アーカイブ操作を行ったメンバー以外のメンバーにチャンネルがアーカイブされたことを知らせるダイレクトメッセージがSlackbotから届きます。

アーカイブされたチャンネルを閲覧する

① サイドバーのチャンネル
右の ✚ をクリックし、
<チャンネル一覧>をク
リックします。

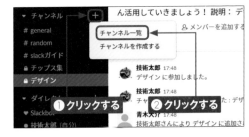

② チャンネル一覧が表示
されます。<フィルター>
をクリックし、チャンネル
タイプの<すべてのチャ
ンネルタイプ>をクリック
して、メニューから<アー
カイブしたチャンネル>
をクリックします。

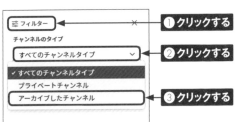

③ アーカイブされたチャン
ネルの一覧が表示され
ます。閲覧したいチャン
ネルをクリックします。

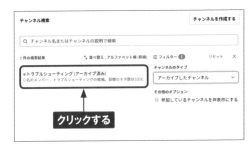

④ 選択したチャンネルのタ
イムラインが表示されま
す。<チャンネルを閉じ
る>をクリックすると、
アーカイブされたチャン
ネルが閉じます。

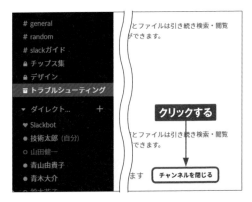

アーカイブされたチャンネルを復元する

1 前ページの手順で復元したいアーカイブの内容を表示します。 ⓘ をクリックします。

2 詳細画面が表示されます。<その他>をクリックし、<#チャンネル名（ここでは「新製品proj」）をアーカイブから復元する>をクリックします。表示中のチャンネルが復元されます。復元されたチャンネルは、アーカイブ前と同様にメッセージのやり取りができます。

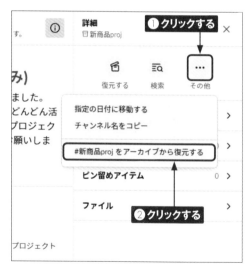

Memo メンバーについて

パブリックチャンネルをアーカイブから復元した場合、元の参加メンバーは削除されます。アーカイブ前の参加メンバーに戻したいときは、Sec.29を参考にメンバーの追加を行います。また、プライベートチャンネルの場合は、アーカイブ前のメンバーが保持されます。

2要素認証を設定して セキュリティを強化する

Slackアカウントに「パスワード」と「認証コード」の2つの認証方法を用いる2要素認証を設定すると、セキュリティを強化できます。認証コードの受け取りには、ショートメッセージ（SMS）を利用できます。

2要素認証の設定について

2要素認証とは、通常のパスワードと認証コードの2種類を組み合わせた認証方法です。2要素認証を設定すると、パスワードを入力したあとに、認証コードの入力画面が表示されるようになります。ワークスペースは、この2段階の認証に成功しない限り利用できません。

認証コードの受け取り方法には、ショートメッセージ（SMS）を利用する方法と認証アプリを使用する方法が用意されています。本書では、手軽に利用できるショートメッセージを用いた2要素認証の設定方法を紹介します。2要素認証の設定は、ワークスペースごとに行う必要があります。

ショートメッセージを用いた2要素認証の設定には、認証コードを受け取るためにスマートフォンまたは携帯電話が必要です。また、2要素認証を設定すると、「バックアップコード」が表示されます。バックアップコードは、スマートフォンや携帯電話が何らかの原因で使用できなくなった時に使用する緊急用の認証コードです。紙に印刷するなどして大切に保管しておいてください。10個の認証コードが提供され、それぞれの認証コードは、1回だけ使用できます。スマートフォンや携帯電話が使用できなくなったときは、このバックアップコードを使ってSlackのワークスペースにサインインし、2要素認証の無効化などの設定変更を行ってください。バックアップコードを紛失してしまった場合は、ワークスペースの管理者以上の権限のメンバーに連絡し、2要素認証を無効に設定してもらう必要があります（P.111Memo参照）。

⚙ 2要素認証の設定を行う

(1) サイドバー（アプリ、WebブラウザどちらでもOK）のワークスペース名をクリックし、＜設定と管理＞または＜その他の管理項目＞をクリックします。＜以下をカスタマイズ：ワークスペース名（ここでは「ゼロからガイド」）＞をクリックします。

(2) Webブラウザで「ワークスペースのカスタマイズ」ページが表示されます。＜Menu＞をクリックし、＜アカウントとプロフィール＞をクリックします。

(3) 「2要素認証」の＜開く＞をクリックします。

(4) <2要素認証を設定する>をクリックします。

クリックする

(5) パスワードの入力画面が表示されます。パスワードを入力し、<パスワードの確定>をクリックします。

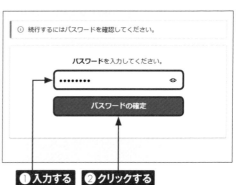

❶入力する **❷クリックする**

(6) 認証コードの受け取り方法のページが表示されます。<テキストメッセージ（SMS）>をクリックします。

クリックする

第5章 使いやすく設定する

⑦ 認証コードの受け取りに使用するスマートフォンまたは携帯電話の電話番号を入力し、<電話番号を追加する>をクリックします。

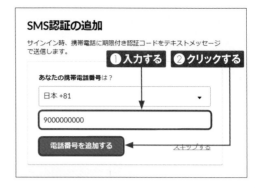

⑧ 手順⑦で入力した電話番号にショートメッセージで、認証コード（ログインコード）が届きます。

⑨ ショートメッセージが送信されると、手順⑦の画面が確認コードの入力ページに変わります。ショートメッセージで送付された確認コード（ログインコード）を入力し、<コードを確認し、有効化する>をクリックします。

Memo 確認コードが届かないときは？

ショートメッセージで確認コードが届かないときは、手順⑨で<コードを再送信>をクリックするか、<別の電話番号>をクリックして、別の電話番号に変更して試してみてください。

(10) 2要素認証が有効化され、バックアップコードが表示されます。<コードを印刷する>または<コードをコピーする>をクリックします。ここでは<コードをコピーする>をクリックします。<コードを印刷する>をクリックした場合は、印刷完了後、× をクリックしてこの画面を閉じてください。

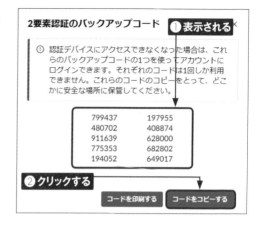

(11) Webブラウザで2要素認証がアクティブになっていることを確認できます。これで、ショートメッセージ（SMS）を使用した2要素認証の設定は終了です。<Slackを起動する>をクリックします。

(12) Webブラウザにはワークスペースが表示されます。

表示される

(13) Slackアプリの＜サインイン＞をクリックします。

クリックする

(14) Webブラウザの新しいタブで「Slackにサインインしています」ページが表示され、ダイアログボックスが表示されます。＜開く＞をクリックします。

クリックする

(15) Slackアプリによるワークスペースへのサインインが行われ、ワークスペースが表示されます。

表示される

Memo Slackアプリのサインインについて

2要素認証を設定すると、サインイン中のワークスペースから自動的にサインアウトします。このため、Slackアプリでワークスペースに再度、サインインする必要があります。なお、上の手順のように、2要素認証の設定から続けてSlackアプリのワークスペースへサインインを行う場合は、認証画面は表示されません。次回のサインインから、パスワード認証のあとに認証コードを入力する画面が表示されます。

109

ワークスペースに2要素認証でサインインする

(1) Slackアプリの<サイン
イン>をクリックします。

クリックする

(2) ワークスペースのURLを
入力し、<続行する>
をクリックします。

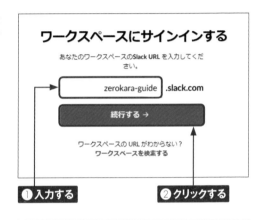

①入力する   **②クリックする**

(3) メールアドレスを入力し、
パスワードを入力します。
<サインイン>をクリック
します。

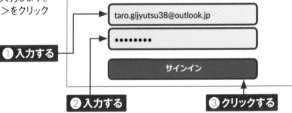

①入力する

②入力する   **③クリックする**

Memo Slack URLがわからないときは？

Slack URLがわからないときは、手順②の画面で、<ワークスペースを検索する>をクリックし、P.28の手順を参考にサインインを行ってください。

④ ショートメッセージで認証コードが送付されます。送付された認証コードを入力し、<サインイン>をクリックします。

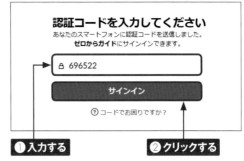

認証コードを入力してください
あなたのスマートフォンに認証コードを送信しました。
ゼロからガイドにサインインできます。

🔒 696522

サインイン

⑦ コードでお困りですか？

❶入力する　❷クリックする

⑤ Webブラウザの新しいタブで「Slackにサインインしています」ページが表示され、ダイアログボックスが表示されます。<開く>をクリックすると、Slackアプリでワークスペースが表示されます。

このサイトは、**Slack** を開こうとしています。
https://zerokara-guide.slack.com では、このアプリケーションを開くことを要求しています。

☐ zerokara-guide.slack.com が、関連付けられたアプリでこの種類のリンクを開くことを常に許可する

開く　キャンセル

Memo 管理者権限以上のメンバーが2要素認証を無効化する

ワークスペースの管理者以上の権限を持つメンバーは、ほかのメンバーの2要素認証を無効化できます。ほかのメンバーの2要素認証の無効化は、サイドバーの「ワークスペース名」→<設定と管理>→<メンバーを管理する>の順にクリックして、メンバー管理ページを表示します。次に2要素認証を無効化したいメンバーの…をクリックし、<2要素認証を無効化する>をクリックします。

メンバー管理　メンバーリストをエクスポートする　メンバーを招待する

🔍 現在のメンバーを検索する　⇅フィルター∨

名前 ↑	アカウント種別	
山田健一　山田健一・ken2012@live.jp	I 通常メンバー	…
技術太郎　技術太郎・taro.gijyutsu38@outlook.jp	I 通常メンバー	…
鈴木花子 (自分)　鈴木花子・hanako27@live.jp	I ワークスペースの管	
青山由美子		

❶クリックする

2要素認証を無効化する
アカウント種別を変更する
アカウントを解除する

❷クリックする

111

2要素認証の設定を解除する

何らかの理由で2要素認証の使用をやめたくなったときは、ワークスペースのアカウントページから2要素認証の設定を解除できます。ワークスペースのアカウントページは、P.105の手順①、②の操作で開けるほか、WebブラウザでワークスペースのURL「https://○○○（○○○はワークスペースごとに異なります）.slack.com/account/settings」を入力して開くこともできます。

① Webブラウザでワークスペースのアカウントページを開き、2要素認証の＜開く＞をクリックします。

② ＜2要素認証を解除する＞をクリックします。

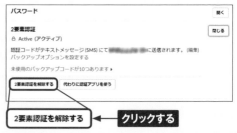

③ 2要素認証の設定が解除されます。

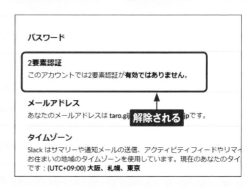

第 **6** 章

アプリと連携する

Section

45 アプリ連携のメリット

Slackを利用していく上でぜひとも活用したいのが、アプリの連携機能です。Slackは、人気クラウドサービスとの連携機能を多数備えており、この機能を活用することでさまざまな作業をSlackから行えるようになります。

アプリをSlackに連携するメリットとは

Slackには、クラウドストレージやメール、カレンダー、SNS、ビデオ会議などとの連携機能が用意されています。これらのアプリをSlackと連携するメリットは、人だけでなくツール（アプリケーション）もSlackでまとめて、Slackからさまざまな作業が行えるようになることです。たとえば、チャンネルからスケジュールの登録を行ったり、クラウドストレージ上のファイルをチャンネルにアップロードしたり、メールの本文をチャンネルやダイレクトメッセージに送信したりといったことが行えます。また、これまではメールアプリで行っていた連絡を、Slackで一元的に行えるようになります。アプリの連携を行うことで、プロジェクトの進行がよりスムーズになります。

クラウドストレージからファイルを簡単な操作でチャンネルやダイレクトメッセージに投稿できます。Slackは、Google DriveやDropbox、One Driveなど主要なクラウドストレージに対応しています。

チャンネルやダイレクトメッセージからスケジュールをGoogle Calendarに登録できます。また、スケジュール登録時にメンバーにSlackから通知でリマインドすることもできます。

メールアプリからSlackのチャンネルやダイレクトメッセージに、直接送信できます。

Twitterの投稿を取得して、指定したチャンネルに自動送信することができます。これによって、自社の公式Twitterの投稿や気になるユーザー、企業の投稿をチャンネルのメンバーでフォローできます。

115

Section

46

Slackにアプリを 連携する

Slackは、人気の高いクラウドサービスとの連携機能を備えています。この 機能を使用するには、Slackの連携アプリをインストールします。連携アプ リのインストールは、参加メンバー誰もが自由に行えます。

Slackにアプリをインストールする

ここでは、Google ドライブアプリを例に、Slackの連携アプリのインストールと連携手順 を紹介します。連携アプリは、メンバーの誰かがインストールするとワークスペースに参 加しているすべてのメンバーで利用できますが、連携設定はメンバーごとに行う必要があ ります。

1. サイドバーの<その他> または<Slackをブラウ ズする>をクリックし、 <App>をクリックしま す。

2. おすすめのアプリが表 示されるので、インストー ルするアプリ（ここでは 「Google ドライブ」）の <追加>をクリックしま す。

3. Webブラウザでアプリ の追加ページが開きま す。<Slackに追加> をクリックします。

第6章 アプリと連携する

(4) アプリに関する説明が表示されます。＜Google ドライブアプリを追加する＞をクリックします。

(5) 権限リクエストの説明ページが表示されます。＜許可する＞をクリックします。

(6) Google ドライブアプリがSlackにインストールされ、Google ドライブのアカウント追加画面が表示されます。また、ワークスペースのサイドバーに「Google Drive」が表示されます。アプリの連携を行う場合は、続いて、アカウントの認証を行います。P.118に進んでください。

表示される

Memo ほかのアプリをインストールする場合は？

Google ドライブ以外のほかのアプリをインストールする場合も、クリックするボタンの文言や場所などに違いはありますが、ここまでの手順はほぼ同じです。ほかのアプリをインストールする場合もこの手順を参考にインストールしてください。

第6章 アプリと連携する

⊕ アプリの連携設定を行う

ここでは、P.117の続きでGoogle ドライブを例に、連携設定の手順を紹介します。Google ドライブとの連携を行うには、Google ドライブのアカウントを事前に取得しておく必要があります。取得していない場合、連携設定は行えません。

① P.117の手順⑥の画面で<Google ドライブアカウントを認証する>をクリックします。

認証

ワークスペースには、Google ドライブとのインテグレーションが組み込まれていますが、Google ドライブのファイルをインポートしたい場合は、それぞれのメンバーがインテグレーションを設定する必要があります。

クリックする

② アカウントの選択画面またはログイン画面が表示されます。アカウントの選択画面が表示されたときは、ログインに使用するアカウント名をクリックします。また、<別のアカウントを使用>をクリックしたときと、ログイン画面が表示されたときは、Memoを参考にログインを行ってください。

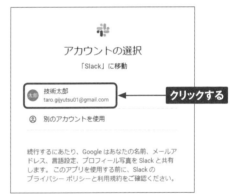

アカウントの選択

「Slack」に移動

技術太郎
taro.gijyutsu01@gmail.com

クリックする

別のアカウントを使用

続行するにあたり、Google はあなたの名前、メールアドレス、言語設定、プロフィール写真を Slack と共有します。このアプリを使用する前に、Slack のプライバシー ポリシーと利用規約をご確認ください。

Memo ログイン画面が表示されたときは

ログイン画面が表示されたときは、Googleアカウントのメールアドレスを入力し、<次へ>をクリックします。パスワード入力画面が表示されるので、パスワードを入力し、<次へ>をクリックすると、手順③の画面が表示されます。

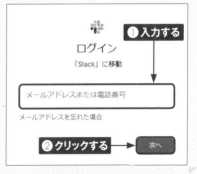

❶入力する

ログイン

「Slack」に移動

メールアドレスまたは電話番号

メールアドレスを忘れた場合

❷ クリックする → 次へ

③ 権限リクエストの説明ページが表示されます。<許可>をクリックします。

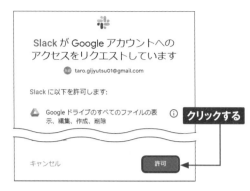

Slack が Google アカウントへのアクセスをリクエストしています

🔵 taro.gijyutsu01@gmail.com

Slack に以下を許可します:

☁ Google ドライブのすべてのファイルの表示、編集、作成、削除 ⓘ **クリックする**

キャンセル 　　　　　　許可

④ 認証が完了すると、「このユーザーとして認証」の横にGoogleアカウントのメールアドレスが表示されます。これでGoogle ドライブとの連携は完了です。

このユーザーとして認証 : taro.gijyutsu01@gmail.com ✕

認証
ワークスペースには、Google ドライブとのインテグレーションが組み込まれていますが、Google ドライブのファイルをインポートしたい場合は、それぞれのメンバーがインテグレーションを設定する必要があります。

表示される

Memo 連携設定はメンバーごとに行う

アプリケーションをSlackと連携する場合、一部のアプリを除き、通常は利用する「メンバーごと」に連携設定を行う必要があります。Google ドライブの場合は、サイドバーのアプリ名をクリックし、<ワークスペース情報>→<設定>とクリックすると、P.118手順①の画面がWebブラウザで表示されます。

119

47 Google ドライブを利用する

SlackとGoogle ドライブの連携を行うと、メッセージフィールドから直接、Google ドライブを開き、チャンネルやダイレクトメッセージで共有リンクによるファイル共有を行えます。

Google ドライブのファイルを共有する

① チャンネルまたはダイレクトメッセージ（ここでは<#雑談>）をクリックします。メッセージフィールドの ⊕ をクリックし、<Google ドライブ>をクリックします。

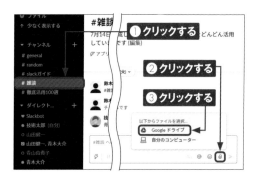

② 「Slackにインポートするファイルを選択」画面が表示されます。共有したいファイルをクリックし、<Select>をクリックします。

Memo 最大10個のファイルを送信できる

一度の操作で共有できるファイルの最大数は10個です。手順②の画面で複数のファイルをまとめて選択したいときは、Ctrl キー（Macは command キー）を押しながらファイルをクリックします。

3 選択したファイルがメッセージフィールドに表示されます。必要に応じてメッセージを入力し、 ▶ をクリックしてメッセージを送信します。

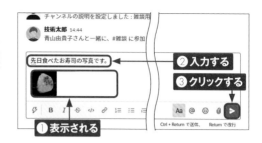

4 メッセージが送信されると、googledriveからのメッセージが表示されます。＜1つを選択してください＞をクリックし、アクセス権を設定します。ここでは、＜編集を許可＞をクリックします。

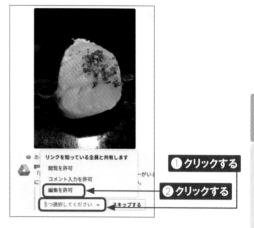

5 共有したファイルのアクセス権が更新されます。

第6章 アプリと連携する

Memo 共有されたファイルを閲覧するには

共有されたファイルは、タイムラインに表示されているプレビュー画面をクリックすることでその内容をSlackで確認できます。なお、共有されたファイルによっては、「アクセス権が必要です」と表示される場合があります。その場合は、＜アクセス権をリクエスト＞をクリックすると、ファイルの共有を行ったメンバーに対して権限リクエストがSlackで通知されます。また、権限リクエストを受け取ったメンバーは、サイドバーの＜Google Drive＞をクリックすると、そのリクエストを確認できます。アクセス権を付与するときは、＜アクセス権を付与＞をクリックします。

OneDriveを利用する

OneDriveのアプリをSlackにインストールすると、メッセージフィールドから直接、OneDriveを開き、一度の操作で最大10個のファイルをチャンネルやダイレクトメッセージで共有できます。

OneDriveのファイルを共有する

SlackからOneDriveを利用するには、P.116の手順を参考にアプリのインストールを行い、連携設定を行っておく必要があります。連携設定は、サイドバーの＜Microsoft OneDrive＞→＜メッセージ＞タブとクリックし、＜Connect＞をクリックすることで行えます。ここでは、SlackとOneDriveの連携設定が終わっていることを前提にファイルの共有手順を紹介します。

(1) チャンネルまたはダイレクトメッセージ（ここでは＜#random＞）をクリックし、メッセージフィールドの 📎 をクリックし、＜OneDrive＞をクリックします。

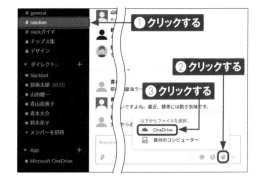

(2) 共有するファイルの選択画面が表示されます。共有したいファイルをクリックして選択し、＜開く＞をクリックします。

初めてOneDriveと連携する場合は、サインイン画面が表示されます。Microsoftアカウントのメールアドレスを入力し、＜次へ＞をクリックし、画面の指示に従います。Microsoftアカウントを取得していない場合は、＜作成＞をクリックして、画面の指示に従ってください。

第6章 アプリと連携する

③ 選択したファイルの共有リンクがメッセージフィールドに追加されます。必要に応じてメッセージを入力し、▶をクリックしてメッセージを送信します。

④ メッセージが送信され、OneDriveからのメッセージが表示されます。<Update shared link to...>をクリックし、アクセス権／プレビューの表示の有無を設定します。ここでは、誰でもアクセスできる<Anyone with the link>をクリックします。

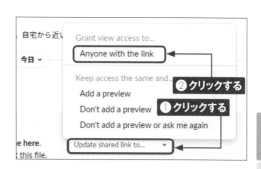

⑤ アクセス権が設定され、タイムラインに送信したファイルのプレビューが表示されます。

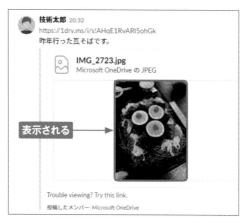

Memo 「Anyone with the link」が表示されない

環境によっては、手順④のアクセス権／プレビューの表示の設定で、メニューに「Anyone with the link」が表示されない場合があります。「Anyone with the link」が表示されない場合は、プレビュー表示の有無のみの設定が行えます。その場合、ほかのメンバーがそのファイルをダウンロードすることはできません。

Section

49 Dropboxを利用する

DropboxのアプリをSlackにインストールすると、SlackのメッセージフィールドやDropboxデスクトップアプリなどから一度の操作で最大10個のファイルをチャンネルやダイレクトメッセージで共有できます。

Dropboxのファイルを共有する

Dropboxの連携機能を利用するには、P.116の手順を参考に連携アプリのインストールを行い、連携設定を行っておく必要があります。ここでは、SlackとDropboxの連携設定が終わっていることを前提にファイルの共有手順を紹介します。

1 チャンネルまたはダイレクトメッセージ（ここでは＜#random＞）をクリックし、メッセージフィールドの 📎 をクリックし、＜Dropbox＞をクリックします。

Memo ログイン画面が表示されたときは

連携設定完了後にDropboxとのファイル共有を初めて行う場合は、手順②でログイン画面が表示されます。Dropboxのアカウント取得に使用したメールアドレスとパスワードを入力し、＜ログイン＞をクリックして、手順②の作業を行ってください。

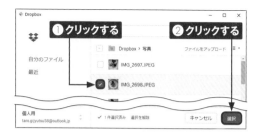

② 共有するファイルの選択画面が表示されます。共有したいファイルの ☐ をクリックして ☑ にし、<選択>をクリックします。

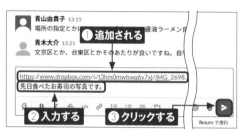

③ 選択したファイルの共有リンクがメッセージフィールドに追加されます。必要に応じてメッセージを入力し、▶をクリックしてメッセージを送信します。

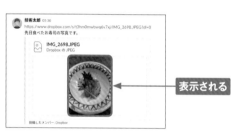

④ メッセージが送信され、タイムラインに手順②で選択したファイルのプレビューが表示されます。

Memo DropboxからSlackに送信する

DropboxとSlackの連携では、DropboxデスクトップアプリやWebブラウザで操作するDropbox.comからも直接Slackのチャンネルやダイレクトメッセージにファイルを共有できます。Dropboxから操作するときは、共有したいファイルを選択し、<共有>横の ▼ をクリックします。メニューから<Slack>をクリックすると、チャンネルやダイレクトメッセージの選択画面が表示されます。

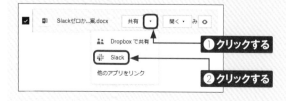

50

Outlookを利用する

Slackには、WebメールのOutlook.comやメールアプリ「Outlook」との連携機能が用意されています。この機能を使用すると、受信したメールをSlackのチャンネルやダイレクトメッセージに送信できます。

Outlook.comから受信メールを送信する

Outlookとの連携機能を利用するには、メンバーそれぞれがSlack for Outlookアプリをインストールする必要があります（P.116の手順参照）。ここでは、Slack for Outlookアプリやプラグインがインストールされていることを前提に受信メールの送信手順を紹介します。

① WebブラウザでOutlook.com（https://outlook.live.com/owa/）を開いてサインインし、Slackに送信したいメールを表示します。 をクリックします。

クリックする

② 参加しているワークスペースが複数ある場合は、ワークスペース名をクリックして選択します。チャンネル名またはダイレクトメッセージの相手の名前を入力し、必要に応じてメッセージを入力して、＜Slackへ送信する＞をクリックします。

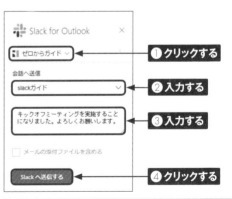

Outlook.comから初めてメールをSlackに送信する場合は、「Slackでメールを共有する」画面が表示されます。その場合は、＜Slackへ接続＞をクリックして、画面の指示に従って初期設定を行ってください。

③ メールが指定したチャンネルまたはダイレクトメッセージの相手に送信されます。✕ をクリックすると、画面が閉じます。

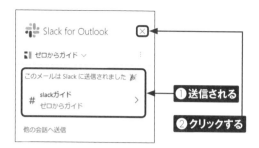

① 送信される

② クリックする

① 「Outlook 2016 ／ 2019」アプリを起動し、Slackに送信したいメールを表示します。••• をクリックして、<Send this email to Slack>をクリックします。

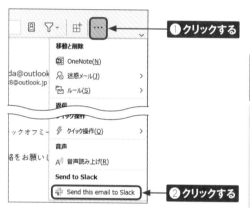

① クリックする

② クリックする

② 参加しているワークスペースが複数ある場合は、ワークスペース名をクリックして選択します。チャンネル名またはダイレクトメッセージの相手の名前を入力し、必要に応じてメッセージを入力します。<Slackへ送信する>をクリックすると、メールが送信されます。✕ をクリックすると、画面が閉じます。

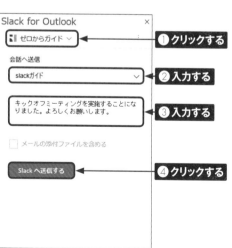

① クリックする

② 入力する

③ 入力する

④ クリックする

第6章 アプリと連携する

127

51 Google Calendarを利用する

Google CalendarをSlackと連携すると、スケジュールをチャンネルやダイレクトメッセージのメッセージフィールドから登録し、参加メンバーに対して招待メールを送ることができます。

チャンネルからイベントを登録する

Google Calendarとの連携機能を利用するには、Google Calendarアプリのインストールと連携設定を行う必要があります（P.116参照）。また、連携を行っていないメンバーがインストール済みのGoogle Calendarアプリと連携を行うときは、サイドバーの＜Google Calendar＞→＜ホーム＞タブとクリックし、＜Connect an Account＞をクリックします。ここでは、連携が行われていることを前提にGoogle Calendarへの送信手順を紹介します。

1 チャンネルまたはダイレクトメッセージをクリックします。メッセージフィールドの 🔗 をクリックし、Google Calendarの＜Create event＞をクリックします。

2 イベント作成画面が表示されます。タイトルを入力し、＜今日＞をクリックして、日付をクリックします。

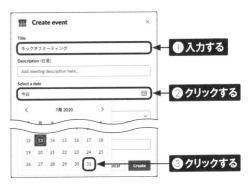

③ 日付が設定されます。開始時間を設定します。時間をクリックして、メニューから開始時間（ここでは<10:00AM>）をクリックします。

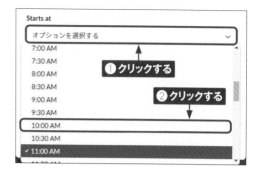

④ 開始時間が設定されます。イベントの予定開催時間を設定します。<1hour>をクリックして、メニューから開催時間（ここでは<2hour（2時間）>）をクリックします。

⑤ 予定開催時間が設定されます。参加メンバーを設定します。<Select users to...>をクリックし、メニューから参加メンバーをクリックします。

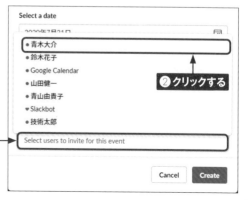

6 手順⑤でクリックしたメンバーが追加されます。複数のメンバーを追加したいときは、さらに参加メンバーをクリックします。すべてのメンバーを追加したら、メニュー以外の場所をクリックします。

追加される

① クリックする

② クリックする

7 <Create>をクリックします。

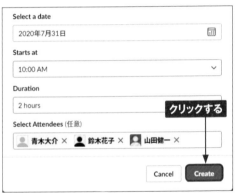

クリックする

8 イベントが登録され、手順⑤で登録したメンバーに対してイベントの招待がメールで送信されます。<Close>をクリックします。

クリックする

Memo **間違ったメンバーを登録したときは**

手順⑥で間違ったメンバーを登録したときは、メンバー名横の × をクリックし、そのメンバーを削除します。

登録されているイベントを確認する

1 サイドバーの<Google Calendar> をクリックし、🗓 をクリックして、スケジュールを確認したい日時をクリックします。

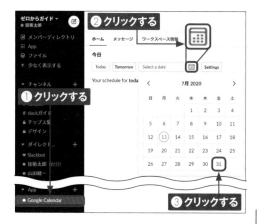

2 手順①で選択した日時のスケジュールが表示されます。••• をクリックし、<View event details>をクリックします。

3 イベントの参加メンバーなどの詳細情報が表示されます。<Done>をクリックすると、画面が閉じます。

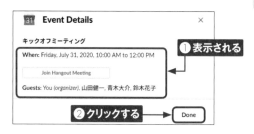

Memo 登録イベントの確認について

Slackから登録したイベントは、イベントの登録を行った本人のみに表示されます。P.129で登録した参加メンバーは、上の手順で登録イベントの確認を行ってもそのイベントは表示されません。

131

Slackには、この章で解説したもの以外にもさまざまな連携アプリが用意されています。

●Twitter

Twitterのツイートを自動取得して、指定したチャンネルにそのツイートを自動転送して閲覧することができます。たとえば、自社の公式Twitterを登録しておけば、ツイートのたびに指定したチャンネルにそのツイートが自動的に転送されて、Twitterアプリを開かなくてもSlack上でツイートを確認できます。また、競合他社など気になるユーザーのツイートを自動転送することもできます。

●Daily.co

最大50名での通話や画面共有を行える無料のアプリです。Slackのフリープランでは、1対1での通話のみで画面共有を行うこともできませんが、本アプリを使用すると、画面共有だけでなく、多人数での会話も行えます。

●Outlook Calendar

Outlook Calendarとの連携アプリです。Google Calendar同様にSlack上からイベントの登録や確認などを行えます。

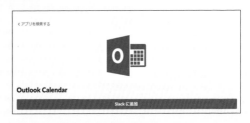

第 **7** 章

ワークスペースを
作成する／管理する

Section

52

ワークスペースを
作成する

多くのメンバーとコミュニケーションを行うワークスペースは、誰でも作成できます。ここでは、ワークスペースの作成方法を紹介します。ワークスペースの作成者は、そのワークスペースのプライマリーオーナーになります。

ワークスペースを新規作成する

① Webブラウザで「https://slack.com/create」を開きます。メールアドレスを入力し、＜次へ＞をクリックします。

まず、メールアドレスを入力してください

あとは確認メールを1通チェックするだけで、メールで一杯の受信箱にもお別れです！

あなたのメールアドレス

taro.gijyutsu38@outlook.jp

☑ Slack についての感想をメールでぜひ送ってください。

❶入力する

❷クリックする

次へ →

② 確認コードの入力画面が表示され、6桁の確認コードが手順①で入力したメールアドレスに送付されます。

メールをチェックしてください！

taro.gijyutsu38@outlook.jp 宛に6桁の確認コードを送信しました。有効期限は長くありませんので、できるだけ早くメールを確認し、記載されているコードをここへ入力してください。

表示される

コードをチェックする間はこのウィンドウを開いたままにしておいてください。迷惑メールフォルダも忘れずに確認してみてください！

第7章 ワークスペースを作成する／管理する

(3) メールアプリを起動し、Slackから送られたメールを開いて、6桁の確認コードの番号を確認します。

(4) 手順③で確認した6桁の確認コードの番号を入力すると、認証処理が自動実行されます。

(5) 確認コードの認証に成功すると、「社名またはチーム名を教えてください。」ページが表示されます。ワークスペース名を入力し、<次へ>をクリックします。

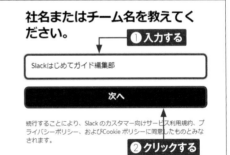

Memo 社名やチーム名について

ここで入力する名称が、ワークスペース名となります。イメージしやすく、わかりやすい名称を入力しましょう。

⑥ 作成するチャンネル名を入力します。名称を入力し、<次へ>をクリックします。

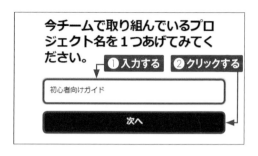

⑦ 招待するメンバーのメールアドレスの入力画面が表示されます。メールアドレスを入力すると、メールアドレスの入力フィールドが自動追加されます。複数のメンバーを招待したいときは、さらにメールアドレスを入力します。すべてのメンバーのメールアドレスを入力したら、<チームメンバーを追加する>をクリックします。

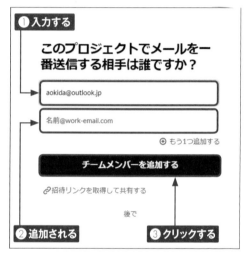

⑧ 手順⑥で入力した名称でチャンネルが作成されます。<Slackでチャンネルを表示する>をクリックします。

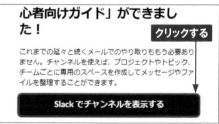

Memo メンバーの招待について

メンバーの招待は、あとから行うこともできます。手順⑦の画面下にある<後で>をクリックすると、メンバーの招待をスキップできます。

⑨ 手順⑤で入力した名称でワークスペースが作成され、「Slackへようこそ」ページが表示されます。新規メンバーの招待はあとから行えるので、ここでは、メンバーの招待を行わずに「チームを編成する」の<終了>をクリックします。

⑩ <設定を完了する>をクリックします。

⑪ 名前とパスワードの設定画面が表示されます。自分の名前を入力し、パスワードを入力して、<次へ>をクリックします。

Memo 挨拶文の選択やチャンネルへの送信について

挨拶文の選択や手順⑥で作成したチャンネルへの送信については、必要に応じて行ってください。挨拶文は、新しいメンバーが「Slackを始める」にアクセスしたときにページ上部に表示されるメッセージです。また、チャンネルへの送信は、チュートリアルで行うチャンネルへのメッセージの送信です。いずれも必須の作業ではありません。

(12) チームの詳細の確認画面が表示されます。ワークスペース名とワークスペースのURLを確認し、必要に応じて変更を行います。<完了>をクリックします。

(13) 以上でワークスペースの設定は完了です。<Slackをさっそくスタート>をクリックします。

(14) 「Slackを始める」の上にマウスポインターを移動して、☒をクリックします。

138

(15) ＜削除する＞をクリック します。

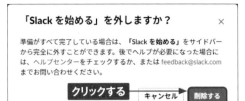

「Slack を始める」を外しますか？　✕

準備がすべて完了している場合は、**「Slack を始める」**をサイドバー から完全に外すことができます。後でヘルプが必要になった場合に は、ヘルプセンターをチェックするか、または feedback@slack.com までお問い合わせください。

クリックする → キャンセル　**削除する**

(16) 「Slackを始める」がサ イドバーから削除されま す。サイドバーのチャン ネル（ここでは＜#gen eral＞）をクリックすると、 そのチャンネルが表示さ れます。

❶ 削除される

❷ クリックする →

Memo　**ワークスペース名とURLの変更について**

プライマリーオーナーまたはワークスペースのオーナーは、ワークスペース名と ワークスペースのURLの変更を行えます。これらの変更は、ワークスペースの 「設定と権限」ページで行います。「設定と権限」ページは、サイドバーのワー クスペース名をクリックし、＜設定と管理＞→＜ワークスペースの設定＞とクリッ クして表示します。

139

ワークスペースに メンバーを招待する

ワークスペースを作成したら、ワークスペースに参加するメンバーを招待して いきます。メンバーの招待には、招待メールを送信する方法と招待リンクを 利用する方法があります。

招待メールでメンバーを招待する

① サイドバーの＜メンバー を招待＞をクリックしま す。

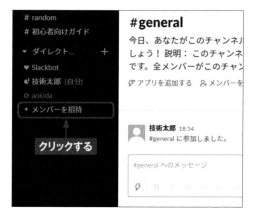

② メンバーの招待画面が 表示されます。招待し たい人のメールアドレス を入力すると、新しい フィールドが追加されま す。必要に応じて、招 待したい人の名前を入 力します。複数の人をま とめて招待したいときは、 この作業を繰り返しま す。招待したい人のメー ルアドレスを入力したら、 ＜招待を送信する＞をク リックします。

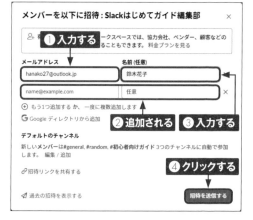

③ 招待メールを送信したメンバーの一覧が表示されます。＜終了＞をクリックします。

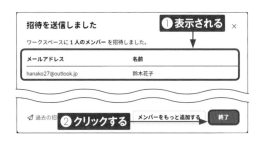

招待リンクでメンバーを招待する

① 左ページ手順②の画面で、＜招待リンクを共有する＞をクリックします。

② 招待リンクが表示されます。＜コピー＞をクリックして、招待リンクをコピーします。コピーした招待リンクをメールなどで招待したい人に送付します。＜終了＞をクリックして画面を閉じます。

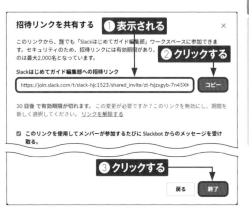

Memo 招待リンクの制限

招待リンクは、リンクのURLを知っている人なら誰でもワークスペースに参加できるURLです。招待リンクは、セキュリティのため有効期限が設けられています。また、このリンクを使用して参加できるメンバーは最大2000名です。

54

ドメインのメンバーを
まとめて招待する

メールアドレスのドメインを指定することで、複数のメンバーをまとめてワークスペースに招待することもできます。ドメインの指定は、「ワークスペースの設定」から行い、招待メンバーには、新規登録用のURLリンクを知らせます。

ドメインを指定して招待する

1 サイドバーのワークスペース名をクリックします。

2 ＜設定と管理＞をクリックし、＜ワークスペースの設定＞をクリックします。

③ 「設定と権限」ページが表示されます。「このワークスペースへの参加」の<開く>をクリックします。

④ <招待を許可し、次のドメインからの...>の○をクリックして◉にします。許可したいドメイン名を入力し、<保存>をクリックします。複数のドメイン名を入力したいときは、「,（カンマ）」で区切って入力します。

⑤ 設定が保存され、新規登録用のリンクが設定を行ったメンバーに対してメールで送付されます。メールに記載されたリンクを社内Webなどに掲載したりすることで招待メールなしにほかのユーザーがワークスペースに参加できます。

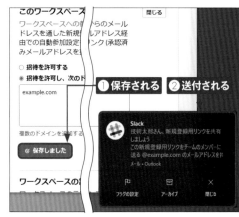

Memo 新規登録用のリンクについて

新規登録用のリンクは、設定を行ったメンバーに対してのみメールで送付されます。設定したドメインのメールアドレスを持つすべてのユーザーに対して招待メールが送付されるわけではない点に注意してください。なお、新規登録用のリンクは、「設定と権限」ページを表示することでも確認できます。

55

Slackアプリに
ワークスペースを追加する

デスクトップ用のSlackアプリは、複数のワークスペースを切り替えて利用できます。ここでは、デスクトップ用のSlackアプリにワークスペースを追加する方法を紹介します。

ワークスペースを追加する

1 サイドバーのワークスペース名をクリックし、<ワークスペースを追加>をクリックして、<他のワークスペースにサインインする>をクリックします。

2 Webブラウザが起動し、「ワークスペースにサインインする」ページが表示されます。追加したいワークスペースのURLを入力し、<続行する>をクリックします。

Memo **サインイン済みのワークスペースから選ぶ**

手順②の画面の下には、サインイン済みのワークスペースの一覧が表示されます。サインインは契約したサービスを実際に利用するための手続きです。サインイン済みのワークスペースは、すぐに利用できる状態となっています。追加したいワークスペースがこの一覧にあるときは、そのワークスペースをクリックし、手順③に進むことでもワークスペースを追加できます。

③ ワークスペースへのサインインが行われ、ダイアログボックスが表示されます。<開く>をクリックします。

④ デスクトップ用のSlackアプリにワークスペースの切り替えボタンが追加されます。ワークスペースのボタン（ここでは<ゼロ>）をクリックします。

① 追加される

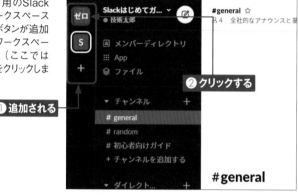

② クリックする

⑤ ワークスペースが切り替わります。

切り替わる

Memo さらにワークスペースを追加する

Slackアプリにさらにワークスペースを追加したいときは、ワークスペースの切り替えボタン下の ➕ をクリックし、<他のワークスペースにサインインする>をクリックすると、手順②の画面が表示されます。

Section

56 パスワードを リセットする

ワークスペースのサインインに使用するパスワードを忘れてしまったときは、パスワードのリセットを行って新しいパスワードを設定します。パスワードのリセットは、サインインに使用するメールアドレスを用いて行います。

パスワードをリセットする

(1) Webブラウザで「htt ps://slack.com/sign in」を開きます。Slack URLを入力し、＜続行 する＞をクリックします。

ワークスペースにサインインする

あなたのワークスペースのSlack URL を入力してください。

> zerokara-guide **.slack.com**

❶入力する

> 続行する →

❷クリックする

ワークスペースの URL がわからない？
ワークスペースを検索する

(2) ＜パスワードを忘れてし まった?＞をクリックしま す。

メールアドレスと**パスワード**を入力してください。

> you@example.com

> パスワード

> **サインイン**

☑ ログイン情報を記録する

クリックする

> パスワードを忘れてしまった？ どのメールアドレス を登録したか忘れてしまった？

Memo パスワードとSlack URLの両方がわからないときは？

パスワードだけでなく、ワークスペースのSlack URLもわからないときは、手順①の画面で、＜ワークスペースを検索する＞をクリックして、Sec.07の手順を参考に参加資格のあるワークスペースを探し出してから、パスワードリセットを行ってください。

③ サインインに使用する
メールアドレスを入力し、
<リセット用リンクを受け
取る>をクリックします。

①入力する

②クリックする

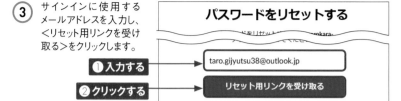

パスワードをリセットする

taro.gijyutsu38@outlook.jp

リセット用リンクを受け取る

④ パスワードリセット用の
URLリンクが記載された
メールが手順③で入力
したメールアドレスに届
きます。届いたメールを
開き、<新しいパスワー
ドを選択する>をクリック
します。

slack
パスワードをリセットする

新しいパスワードを選択する ◀── **クリックする**

⑤ Webブラウザで新しい
パスワードの入力ページ
が表示されます。新し
いパスワードを入力し、
新しいパスワードを再入
力します。<パスワード
を変更する>をクリックし
ます。

①入力する

②入力する

③クリックする

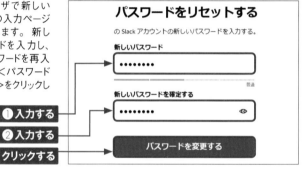

パスワードをリセットする

の Slack アカウントの新しいパスワードを入力する。

新しいパスワード

••••••••

普通

新しいパスワードを確定する

••••••••   👁

パスワードを変更する

⑥ 手順⑤で入力したパス
ワードに更新されます。
<起動する>をクリック
すると、Webブラウザで
ワークスペースが表示さ
れます。

≡ Menu ⌂ ゼロか **①更新される**

パスワードが更新されました

⊘ パスワードが正常に更新されました。

🔲 ワークスペース ◎ ヘルプ 📱 起動する

②クリックする

Memo 2要素認証を設定しているときは?

2要素認証を設定しているときは、新しいパスワードの入力以外に認証コードの
入力も必要になります。新しいパスワードを2回入力し、ショートメッセージで送
付された認証コードまたは認証アプリに表示された認証コードを入力し、<パス
ワードを変更する>をクリックします。

Webブラウザーで表示するワークスペースを切り替える

WebブラウザでSlackを利用している場合は、デスクトップ用のSlackアプリのようにワークスペースの切り替えボタンが表示されません。Webブラウザでワークスペースを切り替えたいときは以下の手順で行います。

(1) サイドバーのワークスペース名をクリックします。

(2) <ワークスペースを切り替える>をクリックすると、サインイン済みのワークスペースが表示されます。切り替えたいワークスペース（ここでは<ゼロからガイド>）をクリックします。

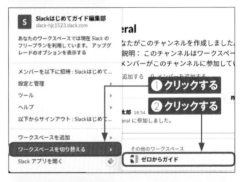

(3) 手順②で選択したワークスペースが表示されます。

第 **8** 章

スマートフォンで
Slackを利用する

スマートフォン版の
画面と操作を確認する

Slackをスマートフォンで利用するときは、iPhoneやAndroid向けのスマートフォン版Slackアプリをインストールします。iPhone版とAndroid版のアプリは、一部のボタンの表記が異なっていること以外に大きな違いはありません。

スマートフォン版アプリの画面構成

スマートフォン版のSlackアプリは、「ホーム」画面を中心に各種操作を行います。ここでは、iPhone版のSlackアプリの画面を例に、画面構成を紹介します。本書では、以降の解説もiPhone版のSlackアプリの画面を例に紹介しています。

❶	タップするとワークスペースの切り替えやメンバーの招待、環境設定などを行えます。
❷	検索ボックス画面を表示します。タップしてキーワードを入力すると検索を行えます。
❸	チャンネルやメンバーの検索を行えます。
❹	スレッドを表示します。
❺	チャンネル名やメンバーの名前をタップすると、タイムラインが表示されます。
❻	新規メッセージを作成します。
❼	ホーム画面を表示します。Androidでは、カタカナで「ホーム」と表記されます。
❽	ダイレクトメッセージの履歴を表示します。
❾	自分がメンションされているメッセージの一覧を表示します。
❿	ステータスの変更やおやすみモードの設定、通知の設定などを行います。Androidでは、「自分」と表記されます。

スマートフォン版アプリの基本操作

(1) ホーム画面でチャンネル名または
メンバー名（ここでは<# Slack
ガイド>）をタップします。

(2) チャンネルまたはダイレクトメッセー
ジのタイムラインが表示されます。
メッセージフィールドをタップしま
す。

(3) メッセージを入力し、➤をタップし
ます。

(4) メッセージが送信されます。<を
タップするか、左から右にスワイ
プすると、ホーム画面に戻ります。

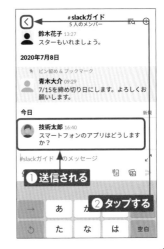

151

58

ワークスペースに
サインインする

Webブラウザやデスクトップ版のSlackアプリでワークスペースに参加済み
の場合、スマートフォン版のSlackアプリでワークスペースにサインインする
だけで、スマートフォンでもSlackを活用できます。

スマートフォンアプリからワークスペースに参加する

ここでは、Webブラウザやデスクトップ版のSlackアプリでワークスペースに参加済みで
あることを前提に、スマートフォン版のSlackアプリでワークスペースにサインインする
手順を紹介します。ワークスペースへの参加手順については、P.20またはP.28を参照して
ください。

(1) スマートフォン用のSlackアプリを
起動します。<サインイン>をタッ
プします。

(2) <パスワードでサインイン>をタッ
プします。

(3) サインインしたいワークスペースの
URLを入力し、<次へ>をタップ
します。

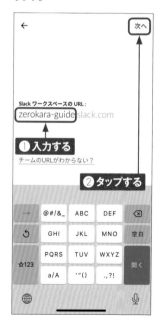

④ メールアドレスを入力し、＜次へ＞をタップします。

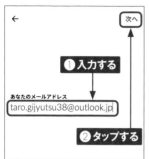

⑤ パスワードを入力し、＜次へ＞をタップします。

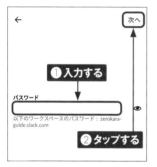

⑥ ワークスペースが表示されます。

Memo ワークスペースのURLがわからないときは？

前ページの手順②で＜マジックリンクをメールで送信＞をタップすると、自分のメールアドレスを使用して参加資格のあるワークスペースを探し出し、目的のワークスペースに参加できます。＜マジックリンクをメールで送信＞をタップし、画面の指示に従って操作を行うと、右画面のメールが届きます。＜メールアドレスの確認＞をタップすると、参加資格のあるワークスペースの一覧が表示されます。

Section

59 ステータスを変更する

自分の現在の状況をほかのメンバーに知らせるステータスは、スマートフォン用Slackアプリでも変更できます。外出中に急用ができた場合など、スマートフォンから状況を知らせることができるので便利です。

ステータスを変更して自分の状況を知らせる

1 ＜あなた（Androidは＜自分＞）＞をタップします。

2 ＜ステータスを更新する＞をタップします。

3 ＜ステータスを更新する（Androidは＜ステータスを入力＞）＞をタップします。

4 ステータスを入力し、💬をタップします。

⑤ 絵文字の種類をタップします。

タップする

⑥ ステータスに表示する絵文字を
タップします。

タップする

⑦ ＜終了（Androidは＜保存＞）＞
をタップします。

タップする

⑧ ステータスが変更されます。

変更される

155

Section

60

通知の設定を変更する

スマートフォン用のSlackアプリは、参加しているチャンネルに新しいメッセージやダイレクトメッセージが送信された場合、届いたことを知らせる通知機能の詳細なカスタマイズを行えます。

通知設定を表示する

(1) ＜あなた（Androidは＜自分＞）をタップし、＜通知＞をタップします。

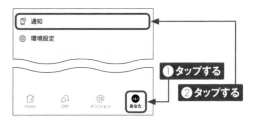

🔔 通知

⚙ 環境設定

① タップする

② タップする

Home　DM　メンション　あなた

(2) 通知の設定画面が表示されます。スマートフォン版のSlackアプリは、iPhone版とAndroid版で設定項目のまとめ方が異なっていますが、実際に設定できる項目に関してはほぼ同じです。

iPhone

| × | 通知 | ? |

モバイル通知のタイミング

すべての新規メッセージ ✓

ダイレクトメッセージとメンション

通知なし

モバイル通知のタイミング 非アク... ＞

サウンド Ding ＞

プレビューを含む ●

通知のトラブルシューティング ＞

一般

通知スケジュール カスタム ＞

マイキーワード なし ＞

チャンネル特有の通知 0 ＞

Android

← 通知 ?
切り口からガイド

モバイル通知のタイミング
すべての新規メッセージ

モバイル通知のタイミング...
非アクティブ状態になったらすぐに送信する

デバイスの設定
音、バイブレーション、重要度を選択する

通知のトラブルシューティング

一般

通知スケジュール NEW
カスタム

スレッドに返信があった時に通知する ●

アプリ内通知
アプリを開いている時にもアプリ内通知が表示されます。

マイキーワード
メンバーが以下のことを言うたびに通知を受け取る...

チャンネル特有の通知 (0)

デスクトップ版のSlackアプリとほぼ同じ設定が行え、スマートフォン版で行った設定内容は、デスクトップ版にも反映されます。モバイル通知のタイミングのみ、初期値ではスマートフォン版の設定が優先されます。これを変更したい場合は、＜通知なし＞（Androidでは＜モバイル通知のタイミング＞→＜通知なし＞）をタップすると、スマートフォンで通知を受け取らないように設定できます。この設定をデスクトップ版のSlackアプリから変更する場合は、「モバイル端末に別の設定を使用する」を有効にします。

第8章 スマートフォンでSlackを利用する

61

おやすみモードで通知を止める

作業に集中したいときに、お勧めしたい機能がおやすみモードです。おやすみモードを設定すると、通知を一時停止できます。ここでは、通知を一時停止するおやすみモードの設定方法を紹介します。

おやすみモードを設定する

① <あなた（Androidの場合は<自分>）>をタップし、<おやすみモード>をタップします。

② おやすみモードを設定する時間（ここでは<2時間>）をタップします。

③ 現在時刻から手順②で設定した時間が経過するまで、おやすみモードがオンになります。

Memo おやすみモードを解除する

おやすみモード中は、手順②の画面に何時まで非通知モードを実施するかと<オフにする>の項目が表示されます。<オフにする>をタップすると、おやすみモードを解除し、非通知モードをオフにします。

×	おやすみモード	保存

オフにする

08:00 まで非通知モード中

30分経過後

1時間

2時間

4時間

明日まで

来週まで

カスタム

157

索引

お問い合わせについて

本書に関するご質問については、本書に記載されている内容に関するもののみとさせていただきます。本書の内容と関係のないご質問につきましては、一切お答えできませんので、あらかじめご了承ください。また、電話でのご質問は受け付けておりませんので、必ずFAXか書面にて下記までお送りください。

なお、ご質問の際には、必ず以下の項目を明記していただきますようお願いいたします。

1 お名前
2 返信先の住所または FAX 番号
3 書名
　（ゼロからはじめる Slack 基本&便利技）
4 本書の該当ページ
5 ご使用のソフトウェアのバージョン
6 ご質問内容

なお、お送りいただいたご質問には、できる限り迅速にお答えできるよう努力いたしておりますが、場合によってはお答えするまでに時間がかかることがあります。また、回答の期日をご指定なさっても、ご希望にお応えできるとは限りません。あらかじめご了承くださいますよう、お願いいたします。ご質問の際に記載いただきました個人情報は、回答後速やかに破棄させていただきます。

お問い合わせ先

〒 162-0846
東京都新宿区市谷左内町 21-13
株式会社技術評論社　書籍編集部
「ゼロからはじめる Slack 基本&便利技」質問係
FAX 番号　03-3513-6167
URL：http://book.gihyo.jp/116/

■ お問い合わせの例

FAX

1 お名前
技術　太郎

2 返信先の住所または FAX 番号
03-XXXX-XXXX

3 書名
ゼロからはじめる
Slack 基本&便利技

4 本書の該当ページ
40 ページ

5 ご使用のソフトウェアのバージョン
Windows 10

6 ご質問内容
手順3の画面が表示されない

ゼロからはじめる Slack 基本&便利技

2020 年 9 月 19 日　初版　第 1 刷発行
2020 年10月 10 日　初版　第 2 刷発行

著者 ……………………… オンサイト
発行者 …………………… 片岡　巌
発行所 …………………… 株式会社 技術評論社
　　　　　　　　　　　　東京都新宿区市谷左内町 21-13
電話 ……………………… 03-3513-6150　販売促進部
　　　　　　　　　　　　03-3513-6160　書籍編集部
編集 ……………………… オンサイト
担当 ……………………… 萩原祐二
装丁 ……………………… 菊池　祐（ライラック）
本文デザイン …………… リンクアップ
DTP ……………………… オンサイト
製本／印刷 ……………… 図書印刷株式会社

定価はカバーに表示してあります。

ISBN978-4-297-11538-8 C3055

Printed in Japan